猪病诊治

原色图谱

主　编　　朱连德　　　王春璈

副主编　　林亦孝　　　苏良科　　　孙春清

参　编　　杨秀进　　　方树河　　　王爱国
　　　　　徐大为　　　王红岩　　　李　勇
　　　　　殷华平　　　林双喜　　　高　峰
　　　　　李　阳　　　程　实　　　蓝永金
　　　　　唐闫利　　　高存帅　　　陈　锴
　　　　　张择扬　　　袁　冲　　　李昭春

机械工业出版社
CHINA MACHINE PRESS

本书图文并茂，介绍了病毒性传染病、细菌性传染病、寄生虫病、中毒病、外科病和产科病等共六大类49种常见猪病，以及病猪剖检操作规程和疫苗免疫程序的科学制定等内容，并介绍了常见疾病的病原（或病因）、流行特点、临床症状、剖检病变、诊治方法及诊治注意事项。本书具有图像清晰、直观易懂、内容翔实、系统与科学性强、理论联系实际等特点，可让读者"看图识病、看图治病、看图防病"，达到快速掌握各种猪病诊断与防治方法的目的。

本书适宜广大兽医工作者、猪养殖户和相关技术人员阅读，也可作为大中专院校相关专业、农村函授及相关培训班的辅助教材和参考书。

图书在版编目（CIP）数据

猪病诊治原色图谱/朱连德，王春璈主编 . —北京：机械工业出版社，2018. 2

（疾病诊治原色图谱）

ISBN 978-7-111-58858-0

Ⅰ. ①猪…　Ⅱ. ①朱…②王…　Ⅲ. ①猪病－诊疗－图谱　Ⅳ. ①S858. 28-64

中国版本图书馆 CIP 数据核字（2017）第 330910 号

机械工业出版社（北京市百万庄大街 22 号　邮政编码 100037）
策划编辑：周晓伟　郎　峰　责任编辑：周晓伟　郎　峰　张　建
责任校对：黄兴伟　　　　　责任印制：李　飞
北京利丰雅高长城印刷有限公司印刷
2018 年 2 月第 1 版第 1 次印刷
148mm×210mm · 5. 875 印张 · 201 千字
0001— 6000 册
标准书号：ISBN 978-7-111-58858-0
定价：45.00 元

凡购本书，如有缺页、倒页、脱页，由本社发行部调换
电话服务　　　　　　　　　网络服务
服务咨询热线：010-88361066　机 工 官 网：www.cmpbook.com
读者购书热线：010-68326294　机 工 官 博：weibo.com/cmp1952
　　　　　　　010-88379203　金 书 网：www.golden-book.com
封面无防伪标均为盗版　教育服务网：www.cmpedu.com

前　言

　　本书由编者在长期从事临床研究和生产一线工作的基础上，利用积累和收集整理的图片编纂而成。本书几乎涵盖了养猪生产中所有常见的猪病问题，对常见重大疫病更是泼墨重彩，对近几年新出现的猪病也着笔不少。本书对每种猪病都从病原、流行特点、临床症状、剖检病变、诊断和防治等方面进行了系统描述，并对诊断和防治中容易出现混淆、错误的地方加注了诊治注意事项，给每种猪病都匹配了真实反映典型临床症状及肉眼可见大体病理变化的彩色图片。云技术在本书中也得以应用，用手机扫描二维码，储存在云端的相关猪病视频便可通过手机播放出来（建议在 Wi-Fi 环境下扫描观看）。本书图文并茂，以原色图片为主元素，清新鲜明，是猪病诊断与防治的"山水画"，手捧读来，赏心悦目，新手阅读后可以增长见识，宿将可拓宽思路。初学者通过将所学知识与书中的相关图文进行比对，再不断加以实践，临床诊断、疾病防控的能力必逐步提升，助力猪场疾病问题尽快解决。

　　然，病已成而药之，已晚。故圣者不治已病治未病。诚恳希望读者在借助本书诊治疾病时，勿忘"未病先防，既病防变"，让诊断、防控手段实施前移。

　　本书不提倡屠杀病弱及解剖死猪，但基于诊断技术、手段的限制，不得不以剖检帮助诊断。出此书，期冀从业者能借此更快了解疾病情况并快速做出初步诊断。同时，希望操作者剖检时注意落实自身安全防护、动物福利和生产场所的生物安全措施。

　　需要特别说明的是，本书所用药物及其使用剂量仅供读者参考，不可照搬。在生产实际中，所用药物学名、常用名与实际商品名称有差异，药物浓度也有所不同，建议读者在使用每一种药物之前，参阅厂家提供的产品说明书以确认药物用量、用药方法、用药时间及禁忌等。购买兽药时，执业兽医有责任根据经验和对患病动物的了解决定用药量及选择最佳治疗方案。

本书中的照片、图，除了由本书的编者提供外，还选用了张弥申、W. J. Smith 和 JQ. Zhang 等国内外专家编写的有关书籍和公开演讲的 PPT 中的部分图片并标明了作者姓名，在此对他们表示衷心的感谢。

由于编者水平所限，书中不当或错误之处在所难免，敬请读者批评指正。

编　者

目 录

第一章

病毒性传染病

一、猪 瘟

【病原】 猪瘟病毒属于黄病毒科瘟病毒属，为单股正链 RNA 病毒，有囊膜。猪瘟病毒与同属的牛病毒性腹泻病毒之间，基因序列有高度同源性，抗原关系密切。猪瘟病毒不同毒株间存在显著抗原差异。该病毒对乙醚敏感，对温度、紫外线、化学消毒剂等抵抗力较强。我国猪群中猪瘟的流行毒株仍以 2.1 基因型为主。

【流行特点】 病猪和带毒猪是最主要的传染源，感染猪在发病前即可从口、鼻及泪腺分泌物、尿和粪中排毒，并延续整个病程。当病毒感染妊娠母猪时，也可以经胎盘垂直感染胎儿，造成死产或产弱仔，分娩时排出大量病毒。感染途径主要是消化道，也可通过呼吸道、眼结膜、生殖道黏膜或皮肤伤口感染。本病不分年龄、性别、品种，一年四季均可发生，潜伏期一般为 5 ~ 7 天，短的 2 天，长的可达 21 天，甚至长期带毒。当前猪瘟的流行呈典型猪瘟和非典型猪瘟共存的零星散发，有的表现为持续感染、隐性感染，会产生免疫耐受。

（一）典型猪瘟

【临床症状】 病猪体温升高至 40.5 ~ 42℃，稽留热。发生眼结膜炎、便秘，随后下痢（图 1-1）。发病后期皮肤发绀或出血，以腹下、鼻端、耳根和四肢内侧等部位较为常见（图 1-2）。最急性型突然发病，皮肤有针尖大密集出血点，病程 1 ~ 3 天，死亡率达 100%。亚急性型猪瘟的病猪在感染后 10 ~ 20 天死亡；亚急性猪瘟，病程在 30 天以内，病猪食欲不振、精神萎靡、体温时高时低。病猪消瘦，步态不稳。妊娠猪感染猪瘟病毒可导致流产、木乃伊胎、畸形、死产或产出外表健康的感染仔猪。

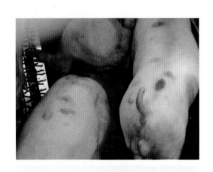

图1-1 病猪下痢

图1-2 颌下、腹下、四肢
内侧皮肤发绀

【剖检病变】 典型的病变为淋巴结水肿、出血，呈大理石样或红黑色外观（图1-3）。肾脏表面有针尖状的出血点（图1-4），肾盂出血（图1-5）。全身浆膜、黏膜和心脏、肺、膀胱、胆囊均可出现出血点或出血斑（图1-6～图1-10）。会厌软骨有不同程度出血（图1-11）。脾脏边缘的梗死是有诊断意义的病变（图1-12）。在回肠末端、盲肠和结肠常有特征性的坏死和溃疡变化，呈纽扣状（图1-13和图1-14）。

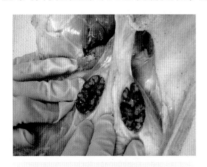

图1-3 腹股沟淋巴结肿大、
出血，呈大理石样

图1-4 肾脏针尖状出血

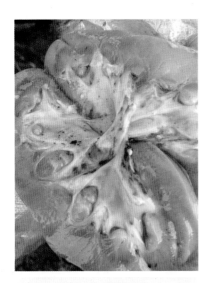

图 1-5 肾盂出血

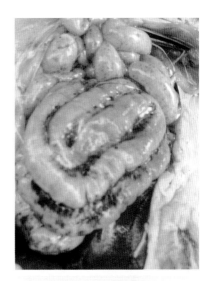

图 1-6 大肠浆膜出血

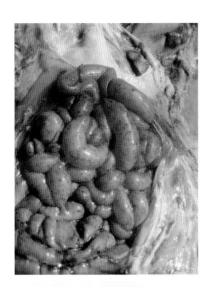

图 1-7 小肠浆膜出血

图 1-8 肺出血

图1-9　膀胱出血

图1-10　心肌出血

图1-11　会厌软骨表面出血

图1-12　脾脏边缘梗死

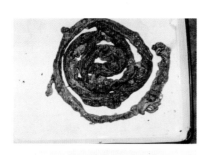

图1-13　结肠纽扣状溃疡
（猪瘟的典型病变）

图1-14　肠黏膜有多处溃疡
（张弥申）

（二）**非典型猪瘟**（温和型猪瘟）

　　临床症状和病理变化不典型，死亡率也比典型猪瘟低。主要病理变化：喉头有点状出血，肾脏苍白贫血，偶见几个针尖状出血点（图1-15），间或有米粒大到蚕豆大小的灰白色坏死区。病猪可存活100天以上。

非典型猪瘟是小型养猪场中最多见的一类疾病，其原因可能是猪瘟病毒毒株的变异，或者是与猪瘟弱毒苗免疫剂量不足或疫苗质量差，疫苗贮存保管不善，以及猪群中可能存在免疫耐受性等因素有关。

图1-15　肾脏贫血，偶见针尖状出血点（张弥申）

【诊断】　根据流行病学、临床症状和病理变化可做出初步诊断。确诊应进行实验室诊断，可采用检测病毒抗原、病毒分离等方法。

【预防与控制】　主要采取以疫苗接种为主的综合性预防措施，现有的C株疫苗仍能有效地预防流行毒株的攻击。目前常用的猪瘟疫苗种类有细胞疫苗、组织疫苗和传代细胞疫苗。紧急接种时，组织疫苗优于细胞疫苗，但组织疫苗容易诱发免疫应激反应，故不提倡超前免疫时使用组织疫苗。

商品育肥猪的猪瘟首免日龄要根据母源抗体水平而定，可以连续测定仔猪出生后7、14、21、28、35、42天抗体水平，若猪场生物安全好且场内无猪瘟野毒感染压力，或者感染压力不大的情况下，阻断率＜30%（PC≥40%为阳性）的仔猪占30%~40%时为首免日龄，仔猪首次接种猪瘟弱毒苗（肌内注射，下同），一般在21~35日龄，3~4周后进行二免。对选留的后备种猪在配种前免疫2次，间隔时间为4周左右。成年种猪（公、母猪）可普免，3次/年，或者可在母猪分娩后21~28天跟胎免疫，注意不要漏免返情、流产母猪。通过对猪瘟抗体的监测，可以判断猪群疫苗的免疫效果，也可以大致判断猪群野毒的感染状况。建议猪场应每年采样进行抗体检测2~3次。

如果出现猪瘟病例则应立即采取扑灭方法，销毁感染的全部猪只，彻底消毒被污染场所。在已发生猪瘟的猪群或地区，对假定未感染猪群进行疫苗紧急接种，可使大部分猪获得保护。

若哺乳仔猪出现猪瘟感染，说明母源抗体保护力不够，在对初生仔猪采取猪瘟苗的超前免疫（肌内注射）的同时，必须对母猪进行猪瘟苗的紧急免疫接种，一个月后抽血检测，若母猪群的猪瘟抗体水平正常，且哺乳仔猪没有出现猪瘟的临床表现后，则可取消哺乳仔猪的猪瘟苗超前免疫。

【注意事项】　临床上典型猪瘟与急性猪丹毒、急性猪巴氏杆菌病、仔猪副伤寒等病极为相似，哺乳仔猪、保育育肥猪发病前期的临床症状和剖检病变与猪繁殖与呼吸综合征具有一定的相似性。所以，必须结合病理、流行病学和实验室诊断予以确诊。在猪瘟疫苗超前免疫注射时，仔猪一定要在免疫注射2小时后方可吃初乳，以免母源抗体影响疫苗免疫效果。

二、猪繁殖与呼吸综合征

【病原】 猪繁殖与呼吸综合征病毒（PRRSV）属于套式病毒目，动脉炎病毒科。分为2种基因型，即I型（欧洲型）和II型（北美洲型），两型间的序列同源性不到60%。两个基因型的代表毒株分别为Lelystad株和VR-2332株。2006年以来我国不断分离到基因II型的高致病性PRRSV毒株（HP-PRRSV），2014年开始，在非结构蛋白Nsp2上缺失131个氨基酸的类NADC30毒株已在我国流行和传播，成为近年来的流行毒株之一。PRRSV具有高度宿主依赖性，主要在猪的肺泡巨噬细胞以及其他组织的巨噬细胞中生长。PRRSV主要通过内吞作用进入宿主细胞，具有抗体依赖增强效应（ADE），会引起免疫抑制。

【流行特点】 病猪或带毒猪是主要传染源。各生长阶段的猪都易感，感染后可通过唾液、鼻分泌液、尿液、精液和粪便等排出病毒。病毒可穿过胎盘感染胎儿，导致产死胎、木乃伊胎和弱仔；病毒也可随污染的器具（如断尾剪、注射针头）、设施（料槽、饮水器等）、运输车辆、人员的衣物和鞋子等传播，带毒动物、虫媒（鼠、蚊、蝇等）也会造成该病毒的间接传播。病毒也通过空气传播，传播距离可达9.1千米。PRRSV感染到发病的潜伏期一般为5~20天，最短2天，最长达30天以上。病毒血症时间一般为4周左右。持续感染是PRRSV的重要感染形式，不断变异、抗体依赖复制增强（ADE）现象是PRRSV的重要特点。猪场内猪繁殖与呼吸综合征反复发作，与引进带毒后备猪群有较大关系。若生物安全措施不到位，猪群流动不能全进全出，猪场内存在PRRSV感染"亚群"猪群，不同生产阶段猪群会轮番发生猪繁殖与呼吸综合征流行，甚至会出现全群大流行。

【临床症状】 不同猪群感染不同PRRSV毒株的临床表现差别较大，经典PRRSV感染的主要临床表现为妊娠中后期种猪的流产，保育猪、育肥猪的呼吸道疾病，哺乳、保育仔猪的死淘率的升高，容易出现细菌性疾病的继发感染。高致病性PRRSV感染的病猪持续发热（40.5~41.5℃）3天以上；部分猪后驱无力、不能站立或共济失调；母猪流产率达30%以上，死亡率在5%以上；仔猪、保育猪发病率可达100%，死亡率在50%以上；育肥猪发病率可达60%，死亡率在10%~30%（图1-16）。有的患病猪两耳皮肤发绀（俗称"蓝耳病"）（图1-17），甚至猪的耳、颈、腹部以及躯体末端皮肤瘀血（图1-18），眼睑水肿或眼结膜炎（图1-19和图1-20），部分病猪流鼻涕（图1-21）。当PRRSV和猪圆环病毒混合感染时，可引起病猪背部皮肤毛孔四周密布针尖大的出血点（图1-22），病情好转，出血点逐渐消退；公猪阴囊皮肤有出血点，随后变成出血斑，最后皮肤坏死、干涸；全身出现芝麻粒大到绿豆大小的出血斑（图1-23），最后变成蚕豆大小的干涸、坏死硬结。

图1-16　育肥猪发病死亡

图1-17　患病猪两耳发绀

图1-18　发病猪耳、颈、腹、
臀部皮肤轻度瘀血

图1-19　3日龄仔猪眼睑水肿

图1-20　眼结膜炎

图1-21　病猪流鼻涕

图1-22 病猪背部皮肤有针尖大出血点（与圆环病毒混合感染）

图1-23 病猪全身出现出血斑

母猪早产、流产（图1-24）、产死胎、产木乃伊胎、产下弱仔或"八字腿"仔猪（图1-25），母猪会呈"滚动性厌食"。公猪精液品质下降、性欲减弱。仔猪和生长育肥猪主要以呼吸道症状为主，表现体温升高、呼吸困难等临床症状（视频1-1）。发病仔猪偶有神经症状，有的保育、育肥猪后肢无力，走路摇晃直至瘫痪（图1-26）。

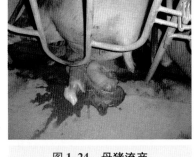

图1-24 母猪流产

图1-25 仔猪八字腿

图1-26 发病猪瘫痪

视频1-1 育肥猪发
热、腹式呼吸、咳嗽

【剖检病变】 猪只感染PRRSV后，所有日龄的猪表现出相似的病理
变化。感染毒株的毒力不同，其造成的病变程度和病变范围也有所不同。病
理变化主要集中在呼吸系统和免疫系统上。肺部的病理变化为轻度到重度的
间质型肺炎，偶有卡他性肺炎，出现肺水肿，呈现"花斑肺"（图1-27和
图1-28）。有的发病猪脾脏出血、肿大，可见脑膜充血（图1-29）、肾脏出
血、胃黏膜出血溃疡（图1-30）若有继发感染，则可出现相应的病理变化，
如心包炎、胸膜炎、腹膜炎及脑膜炎等。

流产胎儿脐带发炎坏死（图1-31），流产母猪会引起轻度到中度的子
宫内膜炎、子宫肌炎和胎盘出血（图1-32）。

图1-27 育肥猪肺水肿、
肺小叶间隔增宽

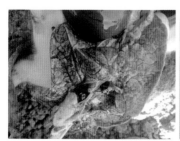
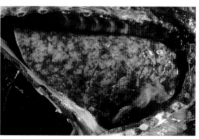

图1-28 哺乳仔猪肺水肿并呈现"花斑肺"

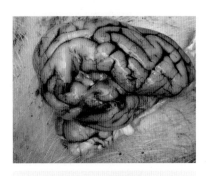

图1-29　脑膜充血

图1-30　胃黏膜出血

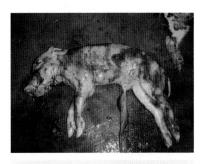

图1-31　死胎脐带坏死

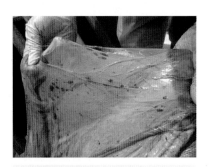

图1-32　胎盘出血

　　PRRSV与其他细菌、病毒混合感染时，病变会变得复杂化。混合感染细菌性病原常引起复杂的猪繁殖与呼吸综合征肺炎，间质性肺炎常混合化脓性或纤维素性支气管肺炎或被化脓性纤维素性支气管肺炎所掩盖。

　　【诊断】　根据疾病流行特点、临床症状、病理变化、实验室检测结果及猪群的繁殖生产成绩记录，综合诊断猪只是否感染了PRRSV。

　　【预防与控制】　根据猪场PRRSV的不同感染状态，采取相应的防控策略。

　　结合临床症状，通过ELISA和PCR检测，猪场PRRSV感染状态可分为如下5种情况（表1-1）：

表 1-1　猪场感染状态分类

状态	种猪群	商品猪
阴性	阴性	阴性
稳定-不活跃	稳定	不活跃
稳定-控制	稳定	活跃（没有明显临床症状）
稳定-活跃	稳定	活跃
不稳定	不稳定	活跃（严重的临床症状）

对于阴性猪场，做好严格的生物安全措施，甚至采取空气过滤的措施以确保猪群不被野毒感染。不引进 PRRSV 阳性后备种猪，维持猪场的阴性状态，不免疫疫苗。但就我国目前养殖和疾病现状来看，阴性猪场受 PRRSV 感染时风险很大。

疫苗免疫仍然是我国控制猪繁殖与呼吸综合征的重要手段。

1）对于阳性稳定-不活跃的猪场，对健康猪群免疫是安全的，母猪群可普免，首次免疫 4 周后，再次普免，以后每隔 3 ~ 4 个月免疫 1 次，仔猪可在 3 周龄左右免疫。

2）对于稳定-控制猪场，母猪群可普免，首次免疫 4 周后，再次普免，以后每隔 3 ~ 4 个月免疫 1 次，仔猪免疫时间应依据母源抗体水平而定。

3）对于稳定-活跃的猪场，种猪群的普免相对安全，仔猪群免疫应在母源抗体消失前至少 1 周，或在下游猪群发病日龄的 4 ~ 6 周前免疫；通常不免疫正在发病的保育猪群和生长肥育猪群。

4）对于不稳定猪场，母猪普免会有一定风险，首次免疫 2 ~ 3 周后再次免疫，间隔近 3 个月后第 3 次免疫，以后每隔 3 个月免疫 1 次，也可以跟胎免疫，断奶至配种前的猪群免疫，妊娠 50 天左右的猪群免疫，而且保证整栋猪舍同时进行免疫工作；商品肉仔猪通常在 10 ~ 21 日龄免疫，可在下游猪发病日龄的 4 ~ 6 周前的日龄段进行免疫，下游猪发病轻微的可提前 4 周，发病较重的则提前 6 周。对于种用仔猪通常在 10 ~ 21 日龄首次免疫后，间隔 4 个月后再次免疫。对于引进的后备种猪，应该在引入 1 周后对健康猪免疫，间隔 3 ~ 4 周再次免疫。

近年来，不稳定猪场或稳定-活跃猪场同时存在多种 PRRSV 毒株，既有高致病性毒株、中等毒力和低致病性毒株，还有疫苗毒株以及疫苗毒株和野毒株重组的毒株。通过疫苗的持续免疫，可快速建立起疫苗的优势毒株，严格施行全进全出制度，减少仔猪的寄养，不混养不同日龄的猪只，杜绝饲养员串舍等。有条件的猪场通过清理发病群的措施以加快猪群的快速稳定，并对后备种猪、刚出生仔猪、保育以及育肥猪开展持续的PRRSV病原的监测，适时的调控猪繁殖与呼吸综合征的防控措施，实现控制本病发生的目标。

目前国内 PRRSV 疫苗包括灭活疫苗和弱毒疫苗，弱毒疫苗可诱导产生保护性免疫反应并能产生稳定的免疫。弱毒疫苗包括以 CH-1R 株、R98、VR-2332 为代表的经典毒株疫苗，以及以 JXA1-R 株、HuN4-F112 株、TJM-F92 株、GDr180 株为代表的 HP-PRRS 毒株疫苗。

安全性好的弱毒疫苗可用于生产种猪群的普免，安全性较差的则禁止用于妊娠母猪和种公猪的免疫。

【注意事项】 发病初期猪只的临床表现与猪瘟具有一定的相似性，需要实验室的检测以确诊。为预防和治疗因 PRRSV 的流行导致的细菌的继发感染，可选用抗生素。目前临床上已经有 HP-PRRS 疫苗毒株毒力返强以及疫苗毒株跟野毒株重组的报道，相关专家呼吁要谨慎选择使用PRRSV 疫苗。第一，制定和实施 PRRSV 疫苗免疫程序时，必须了解本场猪群 PRRSV 的感染状况；第二，要选择安全性高，保护效果好，行业口碑佳的疫苗；第三，要选择弱毒疫苗，灭活疫苗的免疫保护效果不理想已经成为行业的共识；第四，同一猪场的种猪和仔猪应该使用同一种疫苗免疫，注意群体免疫密度，不要部分免疫部分不免疫；第五，注意免疫间隔，与猪瘟、伪狂犬病等病毒性弱毒疫苗最好间隔 10 天以上免疫。

三、猪伪狂犬病

【病原】 猪伪狂犬病病毒（PRV）的宿主范围广，包括猪、鼠、猫及狗等；PRV 具有高度的细胞致病性，猪感染 PRV 后所有被感染的组织均呈灶性坏死；PRV 复制周期短，常在神经节内形成潜伏感染。编码非必需衣壳蛋白 gE 的基因是 PRV 的主要毒力基因，也是目前基因缺失疫苗最普遍的标记基因；TK 基因控制 PRV 在神经组织内的复制和占位，缺失 TK 基因的疫苗毒株神经节内占位能力差，局部免疫能力弱；gI（Gp63 基因）是 PRV 的毒力基因，对刺激产生免疫力不重要；gG（gX）为较少用的标记基因；RR 为控制病毒繁殖的基因，若缺失会影响毒株的免疫原性；gB、gC、gD 等基因为诱导机体产生保护性免疫抗体的重要基因。

【流行特点】 猪场中猪和鼠类是主要宿主，病猪、带毒猪以及带毒鼠类为本病重要传染源。PRV 常在宿主神经节内形成潜伏感染。病毒主要通过猪与猪的直接接触，或是与 PRV 污染的感染物接触传播，也可通过精液或空气传播。PRV 的感染潜伏期为 1～11 天，一般为 2～6 天，仔猪的潜伏期比大龄猪短。妊娠母猪感染本病时，常可侵及子宫内的胎儿。哺乳仔猪日龄越小，发病率和病死率越高，新生仔猪出生后即可发病，3～5 天内进入死亡高峰期，19 日龄内仔猪感染后也常发生死亡。随着日龄增长，发病率和死亡率均下降。

【临床症状】 临床症状的严重程度取决于猪只的年龄、感染途径、感染毒株的毒力和猪的免疫情况等。哺乳仔猪尤其是 2 周龄内哺乳仔猪对 PRV 高度易感，发病率和死亡率为 50%～100%。病初病猪体温升高，口吐白沫（图 1-33）、下痢、厌食、精神不振、呼吸困难，呈腹式呼吸。继而出现神经症状，发抖、共济失调、间歇性痉挛、后躯麻痹、作前进或后退转动、倒地四肢划动，最后衰竭而死亡（视频 1-2 和视频 1-3）。3～4 周龄猪病程略长，多发生便秘，病死率为 40%～60%。部分耐过猪常有后遗症，如偏瘫和发育受阻。保育、育肥猪症状轻微或隐性感染，往往呈呼吸道症状，如打喷嚏、鼻有分泌物、呼吸困难和流涎等流感样症状（图 1-34）。妊娠母猪表现为咳嗽、发热、精神不振、胚胎溶解吸收、流产、产木乃伊胎、产死胎和弱仔，这些弱仔猪 1～2 天内出现呕吐、腹泻和神经症状，通常在 24～36 小时内死亡。

视频 1-2　仔猪转
圈神经症状

视频 1-3　仔猪四肢
划动、间歇性痉挛

图 1-33　病猪口吐白沫

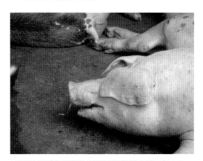

图 1-34　育肥猪流涎

【剖检病变】 有神经症状的病死猪脑膜会充血、出血和水肿，脑脊髓液增多。剖检病猪可见上呼吸道和肠道的淋巴结肿胀、出血（图1-35）。肺部水肿且表面有弥漫性坏死点。扁桃体、肝脏和脾脏均可出现散在白色坏死灶（图1-36~图1-38），严重时，扁桃体出现溃疡（图1-39）。流产母猪出现轻微子宫内膜炎、子宫壁增厚、水肿等，并可见坏死性胎盘炎。

图1-35 肠系膜淋巴结出血

图1-36 扁桃体出现白色坏死灶

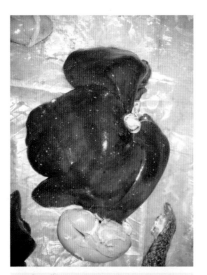

图1-37 肝脏出现白色坏死点

图1-38 脾脏出现白色坏死点

【诊断】 根据临床症状、流行病学分析，可初步诊断，结合实验室检测以确诊，方法包括：病毒分离；病料接种兔子，常出现典型奇痒症状后死亡；用已知血清进行病毒中和试验；聚合酶链式反应（PCR）、免疫荧光（IFA）等进行病原检测；还可用直接免疫荧光检查脑部或扁桃体的压片（或冰冻切片）。通过 gE-ELISA 检测可以了解 PRV 的感染状况及间接反映猪群伪狂犬疫苗的免疫效果。

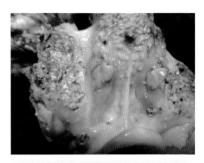

图 1-39　育肥猪扁桃体出现溃疡

【预防与控制】 尽管 PRV 有所变异，但对猪伪狂犬病阳性猪群免疫接种传统基因缺失苗依然可以有效地控制本病。后备种猪配种前，间隔 4 周肌内注射免疫接种 2 次；生产种猪肌内注射普免 3~4 次/年。商品猪只的免疫根据猪伪狂犬病野毒感染情况，以及猪只的母源抗体消长情况而定。通常情况下，阳性场：1~3 日龄滴鼻，8~10 周龄肌内注射，间隔 4 周加强免疫 1 次；阴性场：8~10 周龄肌内注射免疫 1 次。

当本病在猪场流行时，应立即用猪伪狂犬病弱毒苗做紧急接种，并对全场采用消毒、灭鼠等综合措施，可有效控制本病。

【注意事项】 疫苗免疫可以有效地控制本病并抑制野毒阳性猪群的排毒，但不能阻止野毒的感染，所以猪伪狂犬病阴性场的维持更多地依赖于猪场的生物安全措施。选择 *TK* 基因没有缺失、效价稳定、水稀释液的猪伪狂犬基因缺失疫苗，使用专用滴鼻头用于初生仔猪滴鼻免疫（视频1-4），可以帮助阻止猪伪狂犬病野毒的感染。

视频1-4　猪伪狂犬病疫苗滴鼻免疫

四、猪圆环病毒病

【病原】 猪圆环病毒 2 型（PCV2），属于圆环病毒科圆环病毒属，基因组全长 1.7~1.8kb，其中 ORF2 编码的病毒衣壳蛋白能够诱导保护性免疫反应。PCV2 无囊膜，对酒精、氯仿、碘和苯酚等脂溶性消毒剂有较强抵抗力。PCV2 对热和常用的消毒剂有较强的抵抗力，即使采取了必要的消毒和灭活等方法，仍可能无法彻底灭活该病毒。

【流行特点】 PCV2在自然界中广泛存在，野猪和家猪为其自然宿主，其他动物不易感但可带毒。病猪的鼻腔、扁桃体、气管、眼分泌物、粪便、唾液、尿液等均可检测到病原，PCV2可存在于猪舍的地面、猪栏、猪只皮肤表面等处。接触感染是PCV2的主要自然传播途径，公猪精液可带毒，带毒母猪可通过胎盘感染胚胎、胎儿。不同年龄的猪均可感染。在圆环病毒病感染的过程中，常常与猪繁殖与呼吸综合征病毒和猪细小病毒发生混合感染。

（一）断奶后仔猪多系统衰弱综合征

【临床症状】 5~8周龄的猪只最易发病。临床表现为消瘦，被毛粗乱、皮肤苍白，呼吸困难，腹股沟淋巴结肿大，有时可见腹泻、黄疸或生长发育缓慢（图1-40和图1-41）。

图1-40 断奶仔猪消瘦，被毛粗乱

图1-41 与同龄健康猪相比，可见病猪严重发育缓慢

【剖检病变】 全身淋巴结肿大是主要的病理特征，特别是腹股沟淋巴结、肠系膜淋巴结、下颌淋巴结肿大2~5倍及以上（图1-42）。肺部发生肿胀，严重的还可见肺泡出血，部分病例的肺尖叶和心叶萎缩或硬化。可见脾脏肿大（图1-43），肝脏肿大，偶见肝脏呈浅黄到橘黄色外观（图1-44）。有的表现为肠系膜水肿和胃溃疡等症状。

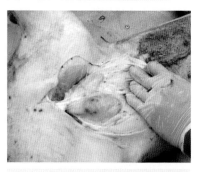

图1-42 淋巴结肿大

图1-43　脾脏肿大

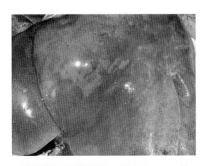

图1-44　肝脏肿大、局部性的黄染

（二）猪皮炎肾病综合征

【临床症状】　猪皮炎肾病综合征通常发生于育肥猪，发病猪食欲减退、精神不振，体温轻度升高或正常。喜卧、不愿走动，步态僵硬。最显著症状为皮肤上出现形状和大小不等的紫红色斑块、丘疹（图1-45），最明显的部位为后腿、臀部、会阴部和耳部，有时可延伸到腹部、胸部和前腿，以及覆盖全身，几天后损伤变成褐色硬壳脱落。

【剖检病变】　一般表现为双侧肾脏肿大，肾脏有时可见白色散在斑点，肾皮质苍白黄染甚至变薄（图1-46和图1-47），肾乳头出血乃至溃疡（图1-48），肾盂及输尿管水肿。肺脏可见水肿，小叶间隔增宽等病变。

图1-45　皮肤表面紫红色斑点

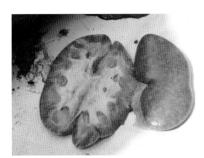

图1-46　肾脏有白色斑点，
肾皮质黄染

图 1-47　肾脏呈土黄色，皮质变薄

图 1-48　肾乳头溃疡

（三）猪呼吸道疾病

【临床症状】　PCV2 和其他病原（PRRSV、猪肺炎支原体、副猪嗜血杆菌、猪链球菌、猪传染性胸膜肺炎放线杆菌等）混合感染时，可引起严重的呼吸道问题，常见于 8～16 周龄猪群。病猪可见咳嗽、腹式呼吸等临床症状。此外病猪还会出现厌食、嗜睡等症状。病猪生长缓慢，饲料报酬降低。

【剖检病变】　剖检可见有些病猪的肺脏水肿，小叶间隔增宽（图 1-49）。

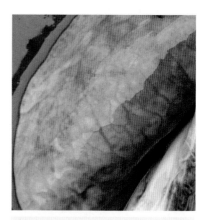

图 1-49　肺水肿，小叶间隔增宽

（四）消化道疾病

【临床症状】　PCV2 造成的消化道疾病常见于生长育肥猪群。病猪出现腹泻，粪便最初呈黄色（图 1-50），后呈灰色，抗生素治疗无效。

【剖检病变】　剖检可见肠系膜淋巴结肿大（图 1-51），有时可见结肠系膜水肿（图 1-52），偶尔可见胃出血、胃溃疡（图 1-53）。

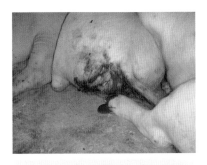

图 1-50　病猪出现腹泻，粪便呈黄色

图 1-51　肠系膜淋巴结肿大

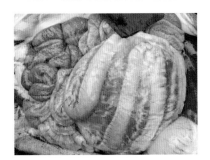

图 1-52　结肠系膜水肿

图 1-53　胃贲门部溃疡

（五）母猪繁殖障碍

妊娠母猪早期感染 PCV2 可以导致胚胎死亡，中后期感染则导致母猪产死胎、产木乃伊胎，出生的仔猪可出现颤抖现象。死胎剖检后可见心脏肥大、质软（图 1-54）。

PCV2 和猪细小病毒混合感染可引发母猪繁殖障碍，也使得渗出性皮炎更难治愈。PCV2 增强猪流行性腹泻病毒（PEDV）的繁殖，加重猪群流行性腹泻临床症状。PCV2 感染后，容易降低猪瘟、猪繁殖与呼吸综合征弱毒疫苗、猪伪狂犬病疫苗的免疫效果。

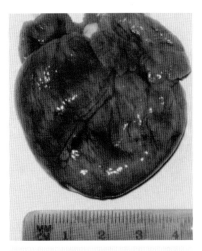

图 1-54　流产胎儿心脏肥大、质软

【诊断】　根据流行特点、临床症状和病理变化可初步诊断，确诊必须进行实验室诊断。可通过 ELISA 和 PCR 检测血清中的抗体和病原；PCR 和免疫组化（IHC）检测组织中的病原，荧光定量 PCR 可以检测病原含量。

【预防与控制】　一般认为圆环病毒相关疾病是多种因素引起的，除 PCV2 感染外，饲养管理不当与环境不良是发病的诱因。病毒和细菌混合感染也是引起本病的重要原因。选择高品质的疫苗免疫接种是预防和控制圆环病毒病最有效的措施。预防本病应抓好以下环节：

1）加强饲养管理。

2）降低应激，尤其是断奶应激。

3）疫苗免疫。4 月龄以上后备种猪配种前免疫 1～2 次；种猪免疫，水性佐剂疫苗可普免，3 次/年，油佐剂的产前 30 天跟胎肌内注射免疫，可防控因猪圆环病毒引起的繁殖障碍，降低断奶仔猪多系统衰弱综合征的发病率；仔猪群 2 周龄以上免疫 1～2 次，可以减少 PCV2 感染引起的临床症状，降低发病率和死亡率，提高日增重和猪群的整齐度，提高饲料转化率，减少抗生素的使用。现在国内市场上有全病毒灭活苗、真核细胞和原核细胞表达的亚单位疫苗 3 类，生产指标的改善是评估猪圆环病疫苗免疫效果的重要标准。

【注意事项】　注意猪皮炎肾病综合征与蚊虫叮咬、霉菌毒素中毒引起的皮炎相区别。

五、猪流行性腹泻

【病原】　猪流行性腹泻病毒（PEDV）属于冠状病毒科冠状病毒属，与猪传染性胃肠炎病毒、犬胃肠炎病毒、猫冠状病毒之间存在抗原交叉关系，是当前猪场病毒性腹泻的主要病原。PEDV 对乙醚、氯仿敏感。病毒粒子呈现多形性，倾向圆形，外有囊膜。G2 分支仍然是我国 PEDV 的主要流行毒株。

【流行特点】　病猪和带毒猪是 PEDV 的主要传染源，粪口传播是主要传播途径，病毒经口、鼻进入消化道传播。各种年龄的猪都可感染。因感染毒株的毒力与猪的敏感程度不同，潜伏期长短不同，哺乳仔猪 8～36 小时，中猪和育肥猪 1～3 天，或可能潜伏时间更长。10 日龄以下的哺乳仔猪发病率和死亡率最高，随着日龄的增长病死率下降。本病呈周期性地方流行性。猪场中曾感染过 PEDV 的母猪具有一定的免疫力。猪流行性腹泻的发生有明显的季节性，我国多发生于冬季和春季，其他季节也有发生，但较少。本病的传播比传染性胃肠炎慢，病毒有时需要 4 ～ 5 周才能感染不同猪舍的猪群，但急性暴发时传播迅速，暴发后比传染性胃肠炎更容易在猪群中持续性存在。

【临床症状】 急性感染的临床表现与传染性胃肠炎相似。仔猪突然呕吐（图 1-55），继而发生频繁水样腹泻（图 1-56），易引起仔猪外阴红肿（图 1-57）。病猪迅速脱水（图 1-58），体重减轻，日龄越小病程越短、病死率越高，仔猪多在 2 ～ 5 天内死亡（图 1-59）。日龄较大的仔猪、育肥猪、后备种猪大多发生

图 1-55 仔猪呕吐

腹泻（图 1-60），1 周后可康复，经产母猪也会腹泻或不发生腹泻仅表现精神沉郁和厌食。哺乳母猪泌乳停止，呕吐或腹泻，但很少死亡。

图 1-56 哺乳仔猪水样腹泻

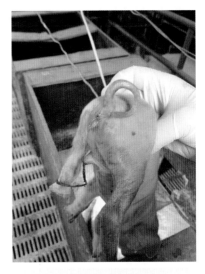

图 1-57 哺乳仔猪水样腹泻，引起外阴红肿

图1-58　患病仔猪因腹泻脱水

图1-59　仔猪严重脱水而死亡

【剖检病变】　病猪尸体脱水明显，胃内充满凝乳块，病情较轻的肠腔内充满白色至黄绿色液体，肠壁菲薄、缺乏弹性，肠管扩张呈半透明状（图1-61），肠系膜充血，淋巴结肿胀。组织病理学检查可见小肠黏膜绒毛变短和萎缩。

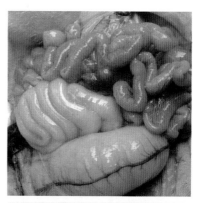

图1-60　后备种猪水样腹泻

图1-61　肠壁菲薄，
肠腔内充满液体

【诊断】　根据流行病学、临床症状和病变进行综合判定可以做出诊断。确诊必须进行病毒分离和鉴定，荧光抗体检查病毒抗原或血清学诊断。建立的RT-PCR可用于病猪小肠和粪便样品PEDV和猪传染性胃肠炎病毒的鉴别诊断。

【预防与控制】　发病时，应立即隔离病猪，对猪舍、环境、用具、运输工具等进行消毒，采取必要措施抑制病毒的传播，尤其是抑制病毒在分娩单元的传播。让妊娠母猪暴露于病毒污染的粪便或肠内容物，即通常所说的返饲，可激发母猪产生乳汁免疫力，缩短本病流行时间。对 2~3 周龄的发病哺乳仔猪行补液，防止酸中毒和预防细菌继发感染。3 周龄以上的仔猪进行断奶可提高仔猪成活率。对于正在发生流行性腹泻的猪场，种猪在产前 2~4 周内使用流行毒株的灭活疫苗免疫 1~2 次，能有效地激发母猪产生 IgA，从而保护仔猪，后备种猪配种前间隔 4 周免疫 2 次。对于没有被活病毒感染的母猪进行灭活疫苗的免疫，免疫效果则不理想，因此，有的猪场使用 TGE-PED 二联弱毒疫苗或 TGE-PED-ProV 三联弱毒疫苗在 9、10 月对种猪群实行普免后，与灭活苗同时在产前 3~5 周一侧 1 针跟胎免疫。目前 PEDV 已经发生变异，G2 分支的流行毒株与 CV777 疫苗株之间的同源性为 91.0%~91.7%，遗传距离仍然较远，目前还没有特别有效的疫苗可以很好地防控本病。正规机构制作的本场或本区域的组织灭活物的使用，在一些猪场取得一定的效果。

【注意事项】 注意与猪伪狂犬病、大肠杆菌等其他病原引起的腹泻相鉴别。目前市场上有 TGE-PED 二联灭活苗、二联弱毒疫苗和 TGE-PED-ProV 三联弱毒疫苗，尽管疫苗的免疫有一定的保护作用，但在实际生产中的免疫预防效果仍然不够理想。如果使用返饲方法则存在风险，特别是在疾病情况比较复杂的猪场。

六、猪传染性胃肠炎

【病原】 猪传染性胃肠炎病毒（TGEV）属于冠状病毒科冠状病毒属，只有一个血清型，与猪流行性腹泻病毒、犬胃肠炎病毒、猫冠状病毒之间存在抗原交叉关系。TGEV 为单股 RNA 病毒，病毒粒子呈圆形、椭圆形或多边形。TGEV 对乙醚、氯仿、次氯酸盐、氢氧化钠、甲醛、碘、碳酸以及季铵盐类化合物等敏感；不耐光照，粪便中的病毒在阳光下 6 小时失去活性，病毒细胞培养物在紫外线照射下 30 分钟即可灭活。犬和猫被认为是 TGEV 携带者。

【流行特点】 病猪和带毒猪是 TGEV 的主要传染源，猫和狗也可能在猪群间传播本病。病毒经口、鼻进入消化道传播。各种年龄的猪均可感染。潜伏期短，通常为 18~72 小时。10 日龄以下的哺乳仔猪发病率和死亡率最高，随着日龄的增长，病死率下降。本病呈周期性地方流行性。猪场中曾感染过传染性肠胃炎的母猪具有一定的免疫力。传染性肠胃炎的发生有明显季节性，我国多发生于冬季和春季，其他季节也有发生，但较少。本病传播迅速，在新发病猪群中呈全群蔓延，会再次感染复发。

【临床症状】　仔猪突然呕吐（图1-62），继而发生频繁腹泻，呈喷射状水样腹泻（图1-63），粪便常夹有未消化的凝乳块（图1-64），有腥臭味。病猪迅速脱水（图1-65），体重减轻，日龄越小，病程越短、病死率越高。仔猪多在出现症状后2～5天内死亡。日龄较大的仔猪、育肥猪、后备种猪大多发生腹泻，1周后可康复，哺乳母猪泌乳停止，经产母猪也会腹泻，或不发生腹泻仅表现精神沉郁和厌食，很少死亡。

图1-62　仔猪呕吐

图1-63　喷射状水样腹泻

（张弥申）

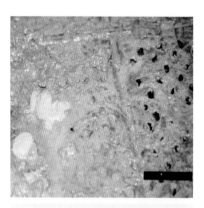

图1-64　粪便中夹有未消化的
凝乳块（W. J. Smith）

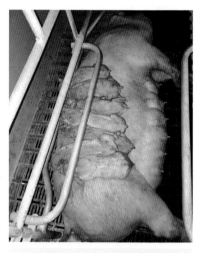

图1-65　哺乳仔猪腹泻脱水

【剖检病变】 病猪尸体脱水明显。胃内充满凝乳块,病情严重的可见胃底黏膜充血、出血,肠管弥漫性出血(图1-66)。病情较轻的肠内充满白色至黄绿色液体,肠壁菲薄且缺乏弹性,肠管扩张呈半透明状,肠系膜充血,淋巴结肿胀。组织病理学检查可见小肠黏膜绒毛变短和萎缩(图1-67)。

图1-66 肠管出血

图1-67 上部为感染猪的肠绒毛变短、坏死、脱落,下部为健康猪空肠绒毛

【诊断】 根据流行病学、临床症状和病理变化进行综合判定可以做出诊断。要确诊必须进行病毒分离和鉴定,荧光抗体检查病毒抗原或血清学诊断。

【预防与控制】 防控措施与猪流行性腹泻的措施基本相同。

【注意事项】 本病与猪流行性腹泻的流行特点、临床症状和病理变化基本类似,诊断时需要注意与猪流行性腹泻、猪伪狂犬病、大肠杆菌病等疾病引起的腹泻相鉴别。目前市场上有 TGE-PED 二联灭活苗、二联弱毒疫苗和 TGE-PED-ProV 三联弱毒疫苗,尽管疫苗的免疫有一定的保护作用,但在实际生产中的免疫预防效果仍然不够理想。

七、猪δ-冠状病毒

【病原】 猪δ-冠状病毒(PDCoV)是尼多目、冠状病毒科、冠状

病毒亚科 δ-冠状病毒属成员，有囊膜单股正链 RNA 病毒。

【流行特点】 该病毒可与其他猪肠道病原共同感染，各年龄段猪群均会感染，病毒经口、鼻进入消化道传播。新生仔猪感染率和发病率较高，感染后死亡率为 30%~40%，比 PEDV 引起的死亡率低。PDCoV 虽然会感染 9 周龄以上的生长育肥猪，但不会导致生长猪生长性能显著下降。

【临床症状】 PDCoV 感染可引起母猪发生急性粥样腹泻（图 1-68）；可引起 15 日龄内的哺乳仔猪发生腹泻（图 1-69）和呕吐，致其迅速脱水，衰竭而死亡；生长猪、成年猪及生产母猪发病轻微，可不治自愈，死亡率较低。

图 1-68　母猪粥样腹泻
（JQ. ZHANG）

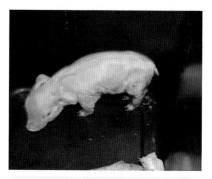

图 1-69　哺乳仔猪腹泻
（JQ. ZHANG）

【剖检病变】 病变区局限在小肠，肠壁膨满扩张，变薄呈透明状（图 1-70），小肠黏膜充血、出血，肠系膜乳糜管萎缩、肠系膜淋巴结出血（图 1-71），小肠和胃内有未消化的凝乳块，盲肠和结肠有大量浅黄色液体。组织病理检查可在空肠至结肠近端观察到急性、多病灶散布、中到重度的萎缩性肠炎，盲肠和结肠浅表层上皮细胞变性、坏死和空泡化。值得注意的是，尽

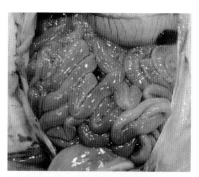

图 1-70　出生仔猪肠壁变薄呈透明状，肠内充满浅黄色液体

管 PDCoV 感染主要引起腹泻，但经 RT-PCR 分析发现病毒不仅存在于消化道，还广泛分布于血液、肝脏、脾脏、肺、肾脏、心脏、扁桃体、膈肌、肠系膜淋巴结，这表明 PDCoV 的组织嗜性十分广泛，这与同样引起腹泻的其他几种猪肠道冠状病毒（PEDV 和 TGEV）明显不同，其机理尚不清楚。

图 1-71　左图为肠系膜乳糜管萎缩、肠系膜淋巴结出血，
右图为对照

【诊断】　结合临床症状、病理变化、流行病学与实验室检测才能做出确诊。可使用免疫电镜技术鉴别病毒抗原，RT-PCR 直接检测病毒抗原，用 ELISA（酶联免疫吸附测定）进行抗体检测等。

【预防与控制】　本病目前尚无可使用的疫苗。美国猪兽医协会（AASV）提倡加强对猪群的饲养管理，建立完善的生物安全体系，饲喂营养丰富的全价饲料，保证猪只膘肥体壮，提高机体的免疫力与抗病力，以防本病的发生与流行。防控重点为哺乳仔猪与保育猪，具体防控措施可参照我国防控猪流行性腹泻与猪传染性胃肠炎的有关经验与有效方法，结合猪场发病实际综合防控，可降低发病率与死亡率。

【注意事项】　因本病的临床表现与 PEDV 和 TGEV 等其他猪肠道冠状病毒相似，注意鉴别诊断。

八、口蹄疫

【病原】　口蹄疫病毒属于小 RNA 病毒科口疮病毒属，有 7 个血清型：O 型、A 型、C 型、AsiaI（亚洲I型）、SATI（南非 I 型）、SAT2（南非 II 型）和 SAT3（南非 III 型）。各型的临床表现相似，但彼此均无交叉免疫性。亚洲国家主要流行 O 型（为东南亚 Mya98 拓扑型）、A 型和 Asia Ⅰ型。口蹄疫病毒呈球形，无囊膜，粒子直径为 28～30 纳米，其基因组为单股正链 RNA 病毒，对酸、碱、氧化剂和卤族消毒剂敏感。

【流行特点】　口蹄疫病毒在病畜的皮肤或黏膜水疱内及其淋巴液中含毒量最高。口蹄疫病毒主要侵害偶蹄兽。易感顺序为牛、猪、绵羊、山羊和骆驼。仔猪和牛犊不但易感而且死亡率高。性别与易感性无相关。病毒通过呼吸道、消化道、皮肤以及人工授精等途径感染传播。病毒感染猪的潜伏期一般为 2～7 天，最短的 12 小时，最长的 21 天。口蹄疫传染性极强，其发生没有严格的季节性，但冬、春季较易发生大流行，夏季减缓或平息。

【临床症状】　病猪以蹄部和吻突、唇上发生水疱为主要特征。体温升高 40～41℃，精神不振，食欲减少或废绝。口黏膜（包括舌、唇、齿龈、咽、腭、鼻盘）形成小水疱（图1-72）或溃疡（图1-73）。母猪乳头上出现水疱（图1-74）。蹄冠、蹄叉、蹄踵局部发红，逐渐形成米粒大或蚕豆大的水疱（图1-75），水疱破裂后表面出血，形成糜烂，如无细菌感染，1 周左右痊愈。如有继发感染，严重者影响蹄真皮、蹄壳脱落，在蹄踵处出现严重的溃疡（图1-76），病猪出现跛行。

图 1-72　猪的鼻部出现水疱
（W. J. Smith）

图 1-73　鼻端的水疱破裂后形成
下凹的溃疡灶（张弥申）

图 1-74　母猪乳头上出现水疱
（张弥申）

图 1-75 蹄冠上有未破裂水疱
（张弥申）

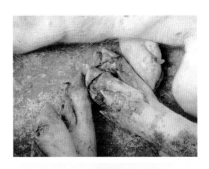

图 1-76 蹄踵部出现溃疡，
蹄冠处裂开，蹄壳脱落

【剖检病变】 哺乳仔猪或保育猪感染口蹄疫后，通常发生急性胃肠炎和心肌炎，剖检可见心脏呈现"虎斑心"，突然死亡（图 1-77 和图 1-78）。

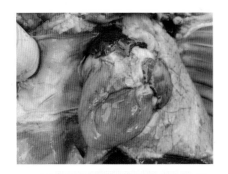

图 1-77 急性心肌炎心耳出血
（张弥申）

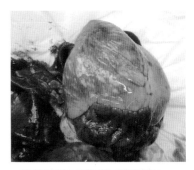

图 1-78 保育仔猪"虎斑心"

【诊断】 根据本病的流行特点及特征性的临床症状可做出初步诊断。确诊需进行实验室检测，如病毒分离鉴定、PCR 检测以及 ELISA 鉴定。

【预防与控制】 一旦发现疫情，应立即实施封锁、隔离、检疫、消毒等措施，迅速通报疫情。对易感畜群进行预防紧急接种。在最后一头病畜痊愈或屠宰后 14 天内，若未再出现新的病例，经大面积消毒后可解除封锁。

使用质量好的 O 型或 O 型、A 型双价口蹄疫疫苗免疫猪群可以较好地防控猪口蹄疫。后备种猪配前间隔 4 周，免疫 2 次；种猪群普免 3～4

次/年；根据母源抗体的消长规律确定商品育肥猪的首免时间，一般而言，商品育肥猪在49~56天龄首免，3~4周后二免；疫病流行期间，可对全群进行紧急免疫接种。

经国家有关部门批准用于免疫猪的O型口蹄疫疫苗有灭活疫苗和合成肽疫苗2种，这2种疫苗均可用于防控O型口蹄疫。

【注意事项】 猪水疱病、猪塞内卡病毒与猪口蹄疫病的临床症状类似，要借助于实验室的检测予以确诊。

九、猪A型塞内卡病毒病

【病原】 猪A型塞内卡病毒（SVA）也被称为塞内卡山谷病毒（SVV），是新近发现能引起猪水疱性疾病的小RNA病毒，属于小核糖核酸病毒科，无囊膜的单链正链RNA病毒。病毒粒子呈典型的二十面体对称，直径约为27纳米，基因组约7200个碱基，编码4个结构蛋白（VP1-4）和7个非结构蛋白（2 A-C，3 A-D），其中VP1被公认为是小RNA病毒科免疫原性最强的蛋白。

【流行特点】 SVA被认为是猪原发性水疱病的一种病原体。我国于2015年也有报道本病的发生。仔猪感染日龄越小，死亡率越高。大猪或种猪感染SVA后，只有部分阳性病例具有病变，且会自然康复。

发病猪的大脑、血液和淋巴组织、粪便、蹄部冠状带都有大量病毒。有研究表明SVA可能通过猪血液传播，尿液也可能是传播方式之一。在猪场内的老鼠和蝇类飞虫中都携带SVA。SVA在寒冷季节的活性不高，在春、秋季多发。

【临床症状】 新生仔猪感染SVA后，通常会表现出肌无力、昏睡、流涎、皮肤充血、神经症状和腹泻等（图1-79和图1-80），体温一般无明显变化，鼻部或蹄部也未出现病变。对于7日龄以内的仔猪，有的仔猪会突然死亡，死亡率为30%~70%，通常在4~7天内临床症状得到缓解。

育肥猪主要表现猪鼻镜和口腔、蹄部出现水疱，由于脚垫和蹄冠水疱破损而导致急性跛行，伴随食欲不振。鼻、口出现病变的比例不足25%。

母猪会表现出跛行，以及口鼻、蹄部病变的症状（图1-81和图1-82），但这只发生在10%的阳性病例身上。在发病早期某些病例有轻微发热的现象。本病传播速度快，并伴有产房仔猪急性死亡。

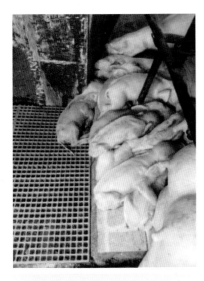

图 1-79　仔猪无力、昏睡

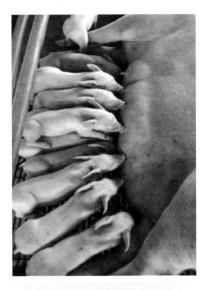

图 1-80　感染 SVA 康复的
10 日龄仔猪

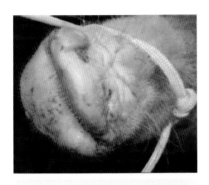

图 1-81　母猪鼻镜上出现水疱
（B. Guo）

图 1-82　母猪蹄部溃疡
（B. Guo）

【剖检病变】　发病仔猪解剖后可以发现肾脏点状出血、舌和冠状垫溃疡、舌炎，组织学变化为间质性肺炎、膀胱尿路上皮细胞球状变性等。病理组织学可显示舌上皮细胞球样变性，膀胱尿路上皮细胞 SVA 检测呈阳性。

【诊断】　根据临床症状、流行病学特点、剖检以及 PCR 检测、病毒分离等实验室检测方法进行确诊。SVA 也可以通过新型 RNA 原位杂交技术（ISH- RNA）来诊断。

【预防与控制】 SVA 由于是近些年才被发现的病毒，对猪的致病性也仅在国内外有零星报道，因此尚不为国内养猪行业所熟知。而目前研究表明，SVA 感染猪只的报道大多集中在病原学、流行病学与临床症状等方面，预防技术还处于探索阶段，目前还没有商品化的疫苗，主要还是通过消毒、隔离等生物安全措施来预防。

【注意事项】 由于 SVA 感染猪所引起的症状与其他病毒性疾病（如口蹄疫、水疱性口炎病、猪水疱病）的临床表现十分相似，给临床确诊带来了难度。因此，需要进行实验室检测以确诊。

十、猪乙型脑炎

【病原】 猪乙型脑炎病毒目前仅有 1 个血清型，该病毒属于披膜病毒科、黄病毒属，含单股 RNA，由立体对称的核衣壳和囊膜组成。囊膜外有纤突，纤突具有血凝活性。病毒对外界抵抗力不强，常用消毒剂对此病毒具有良好的消毒作用。

【流行特点】 猪乙型脑炎病毒可在自然界中 60 种以上动物中传播与流行。马最易发病，猪、人其次，且猪是该病毒最重要的放大宿主。本病主要由带毒媒介昆虫叮咬传播，按蚊、库蚊、伊蚊属的各种蚊以及库蠓等均能传播，三带喙库蚊为本病的主要传播媒介。病毒通过库蚊可以扩增 5 万～10 万倍，带毒昆虫也是该病毒长期贮存的宿主。本病发生与蚊虫等媒介的繁殖与活动有密切关系，本病的流行具有严格的季节性，潜伏期为 3～4 天。

【临床症状】 猪只感染后，体温升高至 40～41℃，呈稽留热，成年猪一般不表现明显的感染迹象。妊娠母猪主要表现为突然流产，产前仅轻度减食、发热，流产后体温、食欲恢复正常，流产胎儿包括死胎、弱胎、木乃伊胎。流产胎儿形态多样，部分胎儿脑部发生溶解，出现空洞。公猪感染可致睾丸炎、睾丸水肿、充血，多为一侧性（图1-83），也有双侧性。睾丸的肿大程度不一致，一般可肿大 1 倍。病猪睾丸阴囊皱襞消失、发亮，触摸时有疼痛感。

图1-83 公猪一侧睾丸发炎、肿大

【剖检病变】 母猪感染猪乙型脑炎病毒没有特征性的病变。发病死胎或弱仔通常出现脑积水、皮下水肿、小脑发育不全和脊柱髓鞘形成过少。胸腔积水、腹腔积水、浆膜有出血点，肝脏、脾脏出现坏死点，也可发现淋巴结、脑膜和脊髓充血。公猪的病变包括附睾、鞘膜和睾丸的水肿和炎症。小猪可出现弥漫性非化脓性脑炎，在大脑和脊髓出现神经坏死、噬神经细胞现象、胶质结节和血管套等特征。

【诊断】　结合流行病学、临床症状、病理变化以及实验室检测进行综合分析确诊。实验室诊断，像其他的虫媒病毒，常常基于组织病理学、血清 ELISA、血凝抑制（HI）、免疫荧光抗体（IFA）和病毒中和（VN）试验，也可进行病毒分离和分子生物学诊断。

【预防与控制】　消除媒介昆虫，增强猪只抵抗力，加强管理是控制本病的关键。通常通过疫苗免疫进行预防和控制，同时在猪场必须做好蚊虫及虫卵的控制，减少蚊虫对猪群的叮咬感染。本病无特殊治疗办法，也无治疗意义，猪只多为隐性感染，一旦确诊，果断淘汰。在蚊虫进入繁殖季节前，加强防蚊灭蚊工作。一般使用弱毒活疫苗，后备猪配种前免疫 2 次，生产种猪每年 3 月（即蚊虫出现前 1 个月）免疫 1 次，9 月加强免疫 1 次。

【注意事项】　注意与布氏杆菌病、猪细小病毒病、猪伪狂犬病、猪繁殖与呼吸疾病综合征等区别。布氏杆菌病与本病相似，猪布氏杆菌病引起的流产多发生在母猪妊娠第 3 个月，多为死胎，少有木乃伊胎，胎盘出血明显有黄色渗出物覆盖；公猪睾丸多两侧肿大，流行无明显季节性。猪细小病毒病也有类似之处，但细小病毒病多发生在第 1 胎母猪。猪伪狂犬病感染仔猪多发生神经症状。

十一、猪细小病毒病

【病原】　猪细小病毒目前只有 1 个血清型，无囊膜，对外界理化因素具有很强的抵抗力，对高温也具有很强的抵抗力，对酸、甲醛熏蒸、紫外线均具有一定的抵抗力，但对 0.5% 漂白粉或者氢氧化钠溶液敏感。该病毒具有很强的血凝活性。

【流行特点】　猪是唯一易感发病的宿主，不同年龄、性别、品种的猪均可感染，感染后终生带毒。在急性感染期，可通过尿液、粪便、精液等多种途径排毒。传染源主要是感染猪的粪便、尿液、精液、流产胎儿及被污染的栏舍和器具等。由于猪细小病毒对外界具有很强的抵抗力，因此，污染的栏舍和器具在长达 4 个月的时间内都具有感染性。传播方式主要是通过胎盘垂直感染和通过交配或经消化道、呼吸道水平感染。

【临床症状】 同一时期内初产母猪及低胎龄母猪发生流产、产死胎、产木乃伊胎（图1-84）、胎儿发育异常，但母猪本身无明显症状。母猪妊娠30天内感染，胎儿死亡、被母体重吸收，母猪返情；母猪妊娠35～70天感染，胎儿木乃伊化，分解的胎盘紧裹着胎儿；母猪妊娠60～70天内感染，母猪流产、

图1-84　木乃伊胎

产死胎；母猪妊娠70天以后感染，一般无明显病变。如果与圆环病毒共同感染，不仅可促发母猪繁殖障碍，也使得渗出性皮炎更难治愈。

【剖检病变】 非妊娠母猪无明显解剖病变，妊娠早期，胎儿感染后，出现不同程度的发育不良，偶尔可见充血和血液渗入组织内，出现瘀血、水肿和出血，胎儿死亡后逐渐变成黑色，体液被吸收后，呈现"木乃伊"化。

【诊断】 根据临床症状和流行病学特点可做初步诊断，进一步确诊主要依靠实验室诊断，包括病毒分离鉴定、血凝及血凝抑制试验、酶联免疫吸附试验、荧光抗体试验、乳胶凝集试验、核酸探针、PCR等。其中血凝抑制试验是检测猪细小病毒抗体最常用的方法。

【预防与控制】 预防接种是控制本病的主要措施，通常使用猪细小病毒灭活疫苗，后备母猪配种前接种2次。生产母猪分娩后2周跟胎免疫1次。种公猪普免，2次/年。

【注意事项】 注意与猪繁殖与呼吸综合征、猪伪狂犬病、猪乙型脑炎、慢性非典型猪瘟、布氏杆菌病、衣原体病和弓形体等病的鉴别。

十二、猪水疱病

【病原】 猪水疱病是由肠道病毒属的病毒引起的急性、热性、接触性传染病。该病毒无血凝性，对环境和消毒药有较强抵抗力，在污染的猪舍内存活8周以上，病猪肉腌制后3个月仍可检出病毒。本病传播速度快，发病率高，对养猪业的发展是一种严重的威胁。

【流行特点】 本病仅发生于猪。各种年龄、性别、品种的猪均可感染。在猪只高度密集或调运频繁的仓库、屠宰场等单位，容易造成本病的

流行。病毒通过病猪的粪便、尿液、水疱液、乳汁排出体外，通过受伤的蹄部、鼻端皮肤、消化道黏膜而感染。

【临床症状与病变】 临床症状可分为典型和非典型2种。典型的水疱病，水疱常见于主趾和附趾的蹄冠上，部分猪的病变部因继发细菌感染而形成化脓性溃疡（图1-85～图1-89）。水疱也见于鼻盘、舌、唇和母猪乳头上（图1-90）。非典型的水疱病，传播缓慢，症状轻微或不表现症状，但能排出病毒。

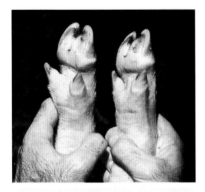

图1-85 感染24小时后，引起蹄冠肿胀（W. J. Smith）

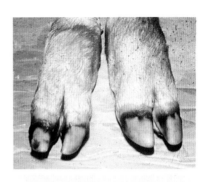

图1-86 感染5天后，蹄冠损伤（W. J. Smith）

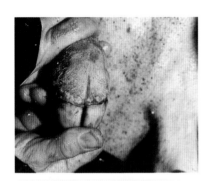

图1-87 感染9天后，引起蹄冠裂开（W. J. Smith）

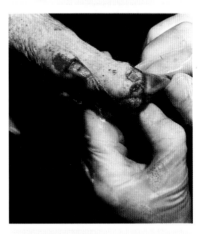

图1-88 感染13天后，蹄壳脱落（W. J. Smith）

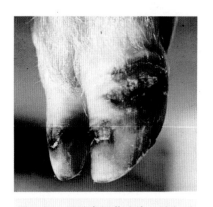

图1-89 因继发细菌感染，蹄角质
坏死，趾部皮肤坏死（Crown）

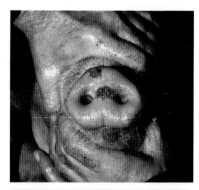

图1-90 鼻盘和下唇的溃疡
（W. J. Smith）

【诊断】 常用的实验室诊断方法有小鼠实验法：病料在 pH 3 ~ 5 缓冲液中处理30分钟后，接种 1 ~ 2 日龄和 7 ~ 9 日龄乳小鼠，如果两组小鼠均死亡，即为口蹄疫；如果 1 ~ 2 日龄小鼠死亡，而 7 ~ 9 日龄小鼠未死亡，则为猪水疱病。使用特异性单克隆抗体能增加 ELISA 的特异性，还可以做间接血凝试验、荧光抗体试验以及病毒的分离培养等。

【预防与控制】 对猪只加强检疫，发现疫情立即向主管部门报告，实行隔离、封锁、消毒等措施。

【注意事项】 仅依据临床症状区分猪水疱病、口蹄疫有一定的困难，故必须进行实验室诊断加以区别。

👉 十三、猪 痘 👈

【病原】 猪痘是由猪痘病毒引起的一种急性、温和型传染病，是猪痘病毒属的唯一成员。

【流行特点】 猪痘的传播形式是病猪与健康猪的直接接触感染，也可通过吸血昆虫间接传播。本病多发生于 3 月龄前的仔猪。一旦同窝中1头猪发病，其他猪也陆续发病。成年猪有较强的抵抗力，呈慢性感染，不经过治疗可自我康复。当饲养环境不良、饲养密度增大时，则加快本病的传播。

【临床症状与病变】 猪的皮肤上出现典型的丘疹和痘疹（图1-91）。

发病猪的头部、面部、腹部皮肤少毛的部位出现多个 1~3 厘米的丘疹，凸出于皮肤表面（图1-92）。在仔猪出现丘疹的初期，其体温升高，并出现红色的丘疹。以后形成水疱，很快转为脓疱，最后形成暗棕色结痂（图1-93），结痂脱落后痊愈。在痘疹发生的过程中，病猪局部瘙痒，常在栏栅或墙壁上摩擦患部。当痘疹磨破后，常继发细菌感染，出现全身反应，有的可导致其死亡。

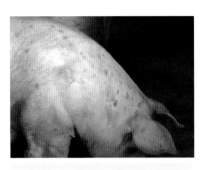

图 1-91　皮肤上出现典型的丘疹和痘疹

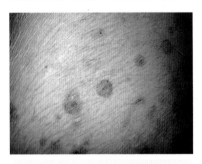

图 1-92　皮肤上的丘疹

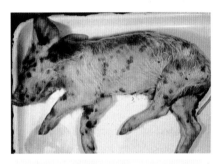

图 1-93　死于猪痘的 6 日龄猪，痘疹呈暗棕色（Crown）

【诊断】　根据临床症状、病理变化和实验室诊断即可确诊。

【预防与控制】　加强饲养管理，搞好猪舍的卫生与消毒，消灭吸血昆虫，阻断传播媒介。对发病猪进行隔离。局部感染严重者可进行外科处理，使痘疹加速痊愈。

第二章

细菌性传染病

一、副猪嗜血杆菌病

【病原】 病原为副猪嗜血杆菌，属于革兰氏阴性菌，形态多变，多为短小杆状。该菌目前已知 15 个血清型，不同血清型菌株的毒力存在一定差异，其中常见的强毒力致病血清型主要为 1、5、10、12、13、14 型，可致猪短时间内发病死亡；3、6、7、9、11 型为低毒力；2、4、8、15 型为中等毒力，可致多发性浆膜炎。副猪嗜血杆菌对外界环境的抵抗力不强，干燥环境中容易死亡，对消毒剂较为敏感，常见消毒剂可将其杀灭。它对氟苯尼考、β-内酰胺类、四环素类、复方磺胺类等药物敏感，但易产生耐药性。

【流行特点】 副猪嗜血杆菌是猪上呼吸道的一种常在菌，通常可从猪的鼻分泌物和气管黏液中分离到，但很少能从正常猪的肺部分离到。

该菌的感染潜伏期一般为 2 ~ 5 天。1 ~ 4 月龄的猪都可感染发病，其中以 5 ~ 8 周龄的猪较易感染并表现出临床症状；公猪和母猪也可感染，但多以隐性感染为主。

本病的发生没有明显的季节性，发病猪、带菌猪是最大的传染源，可通过猪之间的相互接触或空气传播感染。天气骤变、长途运输、饲养密度过大、潮湿拥挤等应激因素和免疫抑制因素，以及暴发病毒病或其他细菌性疾病易诱发本病的发生和流行。

【临床症状】 可分成急性型和慢性型 2 种。

(1) 急性型 猪群中较多猪突然同时发病，通常是体况良好的猪先发病，体温升高（40.5 ~ 42℃），食欲减退或废绝，并伴有呼吸困难、咳嗽、关节肿胀、跛行。有的病猪鼻孔有浆液性以及黏液性分泌物流出。有的病猪全身震颤、共济失调。大部分病猪在急性感染后 2 ~ 5 天内发生死亡，少数病猪无症状突然死亡，还有些会转变成慢性型（或亚急性）。

（2）慢性型 保育猪多为慢性型，表现为食欲下降、皮肤苍白、被毛粗乱、消瘦、发热、扎堆（图2-1），四肢无力、关节肿大（图2-2）。慢性感染猪通常预后不良，往往会变成僵猪。母猪感染一般不表现临床症状，急性感染可引起母猪流产；公猪和后备种猪表现跛行、关节和肌腱处轻微肿胀；10周龄以后的猪只感染后通常无明显的临床症状，但成年猪急性感染可引起慢性跛行。

图2-1 病猪皮肤苍白、被毛粗乱、消瘦、扎堆

图2-2 病猪后肢跗关节肿大

【剖检病变】 病猪的特征性病理变化为全身性浆膜炎，以胸膜、腹膜、心包膜的病变最为常见，此外可见胸腔积液，心包液、关节液增多。主要剖检病变为浆液性或纤维素性胸膜炎（图2-3）、心包炎、"绒毛心"（图2-4）、浆液性或纤维素性腹膜炎（图2-5）、关节炎（图2-6），部分可见脑膜炎。纤维素性蛋白渗出物覆盖在腹膜和胸膜上，在胸腔、腹腔、关节腔等部位有黄色或浅红色液体，有的呈胶冻样。

图2-3 胸膜和肺表面纤维素性
渗出物

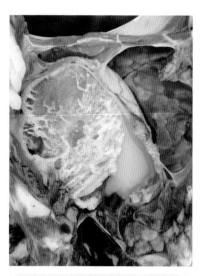

图2-4 心包积液，心脏表面
覆盖黄白色纤维素性渗出物，
形成"绒毛心"

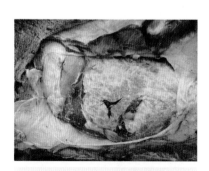

图2-5 纤维素性腹膜炎，
肝脏表面覆盖大量白色渗出物

图2-6 关节腔积液

【诊断】 根据本病的流行病学特点、临床症状、病理解剖特点可初步诊断。确诊需从感染部位分离出病原并进行血清型鉴定，也可应用PCR做病原学诊断。通常，鼻腔和肺部的病料中病原含量较高，可以使用鼻拭子采集鼻腔的分泌物，或者采集肺部灌洗液作为病料进行细菌分离。

【防治】 病猪可以选用敏感且组织穿透性强的药物尽早治疗。猪场可选择商品化的副猪嗜血杆菌疫苗进行免疫，建议母猪首次使用时全群普免，间隔 3 ~ 4 周后再次免疫，以后跟胎免疫，产前 3 ~ 4 周肌内注射 1 次；或母猪全群普免，3 次/年。仔猪在 2 ~ 3 周龄免疫 1 次。

【诊治注意事项】 注意与链球菌病区别，副猪嗜血杆菌通常引起仔猪后肢跗关节肿大，关节液增多、浑浊，胸腔和腹腔有黄白色纤维素性渗出物和"绒毛心"，链球菌也会引起关节炎、胸膜炎和腹膜炎，但较少出现"绒毛心"。副猪嗜血杆菌容易出现耐药性，有条件的猪场最好能在治疗前进行病原菌的分离和药敏试验，根据结果选择敏感的药物进行治疗。副猪嗜血杆菌血清型众多，各猪场流行的血清型可能不一样，最好选择对不同血清型菌株具有良好交叉保护的疫苗进行免疫。

二、猪传染性胸膜肺炎

【病原】 胸膜肺炎放线杆菌（APP）是引起本病的病原。它是一种革兰氏阴性球杆菌，具有多形性，菌体表面具有荚膜和纤毛。目前已发现 APP 共有 15 个血清型，我国目前流行的菌株以 1、3、7 型为主。APP 各型之间交叉保护性不强，而且不同血清型的毒力和引起的病程有明显差异，其中 1、5、9 和 11 型这 4 种血清型毒力最强，而其他血清型如 3 型和 6 型毒力较低。APP 在外界环境生存时间较短，一般常用的化学消毒剂均能达到消毒的目的。

【流行特点】 APP 是一种呼吸道寄生菌，具有高度宿主特异性，主要存在于感染猪的鼻腔、扁桃体、支气管和肺部，病猪和带菌猪是本病的主要传染源。本病的感染主要通过咳嗽、喷嚏的分泌物和渗出物而传播。

本病的发生受外界因素影响大，气温剧变、潮湿、通风不良、饲养密度大、管理不善等条件下多发，一般无明显季节性。各种年龄、性别的猪均有易感性，一般以 6 ~ 12 周龄及之后的生长育肥猪多发，同一猪群可同时感染几种不同的血清型。最急性及急性病例发病迅速，病猪往往无临床症状而突然死亡。APP 易与猪繁殖与呼吸综合征病毒、猪伪狂犬病毒、多杀性巴氏杆菌、圆环病毒 2 型等病原发混合感染。发病率和死亡率与感染的菌株毒力、猪场的管理水平和所采取的预防措施有关。

【临床症状】

（1）最急性型 病猪突然死亡，死前常未见明显的临床症状。

（2）急性型 同圈或不同圈多数猪同时发病，体温40.5～41.5℃，沉郁厌食，后期出现严重的呼吸困难，张口呼吸，呈犬坐姿势（图2-7）。鼻、耳、四肢的皮肤乃至全身皮肤发绀，濒死时通常嘴和鼻孔出现大量的血色泡沫。如果未及时治疗，一般在1～2天内死亡。

图2-7 病猪张口呼吸，呈犬坐姿势

（3）亚急性或慢性型 常由急性型转变而来，病猪体温不升高或略有升高，食欲不振，间歇性咳嗽，生长缓慢。在慢性感染猪群中，常有很多隐性感染猪，当受到其他病原微生物刺激时（如多杀性巴氏杆菌、支气管败血波氏杆菌），临床症状可能加剧。

【剖检病变】 主要病变为肺炎和胸膜炎。单侧或双侧肺出现病变，呈弥漫性或多病灶性，感染的肺部界线明显，常常会波及尖叶、心叶和部分膈叶。

（1）急性型 以出血性纤维素性胸膜肺炎为特征，急性死亡的病猪气管内充满泡沫（图2-8），有时可见浅红色黏液性分泌物，胸腔内有纤维素性渗出液（图2-9）。肺表面出现纤维素性渗出物，肺与胸膜、膈肌广泛粘连，肺肿大出血（图2-10），病变区域变黑、变硬，且切面较脆。

图2-8 病猪气管内充满泡沫

（2）慢性型 以纤维素性坏死性胸膜肺炎为特征，肺表面有大小不同的脓肿样结节，病理学检查有化脓性支气管肺炎，内含大量嗜中性粒细胞（图2-11和图2-12）。

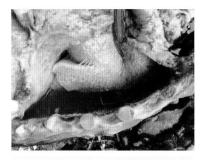

图 2-9 胸腔内有纤维素性渗出

图 2-10 肺肿大、粘连

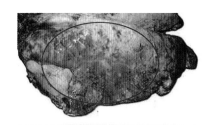

图 2-11 肺肿大，表面出血
（Guager）

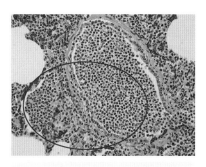

图 2-12 肺泡和细支气管中嗜中性
粒细胞聚集（Guager）

【诊断】 通过流行病学、临床症状和病理解剖检查可做出初步诊断，确诊需进行实验室诊断。实验室诊断包括组织病料的直接镜检、病原的分离鉴定、血清学诊断、PCR 检测等。所有 15 个血清型的 APP 均产生Ⅳ型外毒素（ApxⅣ），且该毒素仅在体内产生，因此 ApxⅣ 毒素抗体ELISA 检测方法可以用于特异性诊断及鉴别诊断。

【防治】 在饲养管理方面，猪群可以采用分栏饲养、全进全出、早期隔离断奶、减少圈内猪群数量、控制好猪群的流动等方法，来降低 APP 对猪群的感染。在发病初期，选用敏感的抗生素治疗，可降低死亡率，常用氟苯尼考、头孢噻呋、泰妙菌素、替米考星等药物进行治疗，但易产生耐药性。

商品化的 APP 多价灭活疫苗可用于预防本病。仔猪可在 35～40 日龄首免，间隔 3～4 周后二免；母猪在产前 6 周和 2 周各注射 1 次，以后每半年免疫 1 次；种公猪免疫为 2 次/年。免疫后可以降低同种血清型菌感染造成的死亡率。但由于 APP 血清型多，不同血清型之间的交叉免疫保护力有限，所以不同毒株的灭活疫苗的效果会有差别。

【诊治注意事项】 在慢性感染猪群治疗方面，可采用"脉冲式给药"方法，即每间隔 5 ~ 14 天，使用抗生素治疗 3 ~ 5 天，但不能长期使用。本病应注意与猪肺疫、猪气喘病区别。猪肺疫常见咽喉部肿胀，而传染性胸膜肺炎病变常见于肺和胸腔。猪气喘病体温一般不升高，病程长，肺尖叶、心叶对称性实变。

三、猪支原体肺炎

【病原】 病原为猪肺炎支原体，它对外界环境抵抗力不强，圈舍、饲养工具上的猪肺炎支原体，一般在 2 ~ 3 天失活，病料悬液中的猪肺炎支原体在 15 ~ 20℃ 条件下，放置 36 小时后即可丧失致病力；日光、干燥及常用消毒液均能达到消毒目的。猪肺炎支原体对青霉素和磺胺类药物不敏感，但对泰妙菌素、林可霉素、土霉素等较敏感。

【流行特点】 不同年龄、品种、性别的猪都可感染，乳猪和断奶仔猪更易感，但临床症状到 6 周龄之后才表现明显。成年种猪、母猪及育肥猪感染后呈慢性肺炎或隐性过程。带菌猪是主要传染源，主要以水平传播方式为主。一年四季均可发病，但以冬季、早春和晚秋发病率高。新疫区发病多以暴发性流行，老疫区多以慢性经过为主。猪感染后表现为抵抗力下降，易继发或混合感染多杀性巴氏杆菌、猪繁殖与呼吸综合征病毒、猪流感病毒和猪圆环病毒 2 型等病原，使病情加重，此时饲养管理的好坏对猪只发病率和病死率有直接关系。

【临床症状】 猪支原体肺炎的主要临床症状为慢性干咳、喘、腹式呼吸。当对猪驱赶运动或天气变化时，咳嗽与喘加重，呼吸次数增多，出现呼吸困难，张口呼吸（图 2-13）。无继发感染时，病猪体温正常；当继发感染时，猪只可能会表现发热、食欲不振、呼吸困难、慢性衰竭等临床症状。慢性感染的

图 2-13 病猪咳嗽

病猪病程长，甚至连续数月出现咳嗽，引起猪的生长受阻和饲料转化率大幅下降，使出栏时间延长。

【剖检病变】　　　　肉眼可见的病变是肺部由肉色到灰白色的实变区。病变主要发生在肺部尖叶和心叶以及中间叶和膈叶的前部，呈对称性病变，实变区域界线明显，似鲜嫩的肌肉样变或虾肉样变（图2-14），随病程延长病变加重。肺门淋巴结呈髓样肿胀，淋巴组织显著增生。若与其他病原混合感染时，可引起肺和胸膜的纤维素性、化脓性或坏死性病变。

【诊断】　　　　采集新鲜的肺部病变组织进行 PCR 检测，也可以通过观察肺的心叶、尖叶腹侧、中间叶或膈叶的前部是否有呈对称性的、域界线明显的虾肉样实变区进行初步判断。肺组织病理学变化有肺不张、肺细支气管内有炎性分泌物和细支气管周围淋巴细胞（主要是 B 淋巴细胞）袖口状聚集（图2-15 和图2-16）；免疫组化法也可用于猪支原体肺炎的诊断（图2-17）。

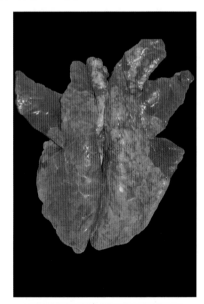

图 2-14　肺脏心叶对称性肉样
病变，尖叶、膈叶部分实变，
实变区域界线明显（Guager）

图 2-15　肺不张、细支气管内有
炎性分泌物（Guager）

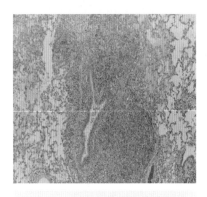
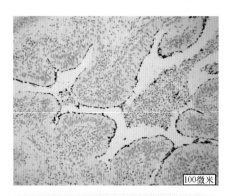

100微米

图 2-16　细支气管周有淋巴细胞
袖口状聚集（Guager）

图 2-17　免疫组化显示肺支气管
黏膜上皮细胞有灰褐色支
原体感染的阳性细胞（Guager）

【防治】　加强饲养管理，猪舍加强通风、减少灰尘、降低氨气浓度。场内猪群实行单向流动，避免不同来源和不同日龄猪只混养，最好能做到全进全出。

抗生素的使用最好在发病前或初期进行，脉冲式给药。病猪可肌内注射泰妙菌素或泰乐菌素 5 ~ 13 毫克/千克体重，每天 2 次，连续使用 3 ~ 5 天；感染猪群可每吨饲料添加 80% 延胡索酸泰妙菌素 125 克和 10% 多西环素 3 千克，连续使用 7 天。

目前预防猪肺炎支原体的疫苗有灭活疫苗和弱毒疫苗两大类。弱毒疫苗一般采用胸腔注射或鼻腔喷雾免疫。胸腔注射在倒数第 6 肋间与髋关节水平线的交点，或肩胛骨后缘沿中轴线向后 2 ~ 3 肋间（视频 2-1），用 9 ~ 12 号针头快速注射；15 日龄左右首免，对选留的后备猪可在 3 ~ 4 月龄肌内注射做第 2 次免疫；注射疫苗前后 7 天内禁用抗生素。灭活疫苗通常采取肌内注射，且期间不必停药。肺炎支原体感染压力大的猪群，可选择 2 次免疫，仔猪在 1 ~ 2 周龄首免，2 周后再次免疫；感染压力小的猪群可选择在 3 ~ 5 周龄一次免疫。公猪和母猪每年进行 2 次免疫，后备猪在配种前进行 1 次免疫。

视频 2-1　猪肺炎
支原体弱毒疫苗的
胸腔注射（雷羽）

【诊治注意事项】　在治疗药物的选择上，因肺炎支原体没有细胞壁，那些干扰细胞壁合成的抗生素如青霉素、头孢菌素类药物效果不理想。

疫苗能减轻肺炎支原体感染引起的临床症状，但不能有效阻止感染，猪可以保持感染 7 个月。疫苗应答缓慢，需要在免疫 1～3 个月后才能检测出抗体，目前试剂盒检测到的抗体水平的高低与保护力没有直接相关性，而且猪受环境中肺炎支原体的自然感染很普遍，不推荐用 ELISA 检测血清抗体的方法来评估疫苗免疫效果。生产上可以通过猪群的生长速度、料肉比、咳嗽指数、肺病变指数等综合判断疫苗的免疫效果。

在肺炎支原体的控制中，切断产房母猪至哺乳仔猪，再至保育猪及育肥猪的感染链非常重要。可以通过规范猪群的单向流动，对哺乳母猪尤其是初产母猪进行药物预防和疫苗免疫，哺乳仔猪的早期免疫和长效抗生素的注射，来减少母猪向仔猪的支原体直接传播。

四、猪丹毒

【病原】 病原是红斑丹毒丝菌，又称猪丹毒杆菌，它是一种人畜共患病原菌，革兰氏阳性丝状杆菌，无荚膜，不产生芽胞，无抗酸性。目前已确认有 25 个（1a、1b、2a、2b、3～22、N）血清型，其中 1、2 型等同于迭氏分型中的 A 型和 B 型（1a、1b 为 A 型，2a、2b 为 B 型）。一般 A 型菌株毒力强，B 型毒力弱但免疫原性好，那些不具有特异性抗原的菌株统称为 N 型。

本菌对外界的抵抗力相当强，它虽不能形成芽胞，但菌体受蜡样物质保护，抗腐败、干燥能力强；对盐腌、火熏有较强抵抗力，并能在火腿中存活数月。

【流行特点】 本病呈世界性分布，至今各国尚未彻底净化，大约每 10 年就会有不同规模的流行。

病原菌在自然界广泛存在，猪是最重要的贮存宿主，鱼类、禽类、蟹、虾、龟等也能带菌。外观健康猪的扁桃体和其他淋巴组织内潜伏有红斑丹毒丝菌。这些携带者能通过粪便、尿液，或者口、鼻、眼的分泌物排菌，从而污染饲料、饮水、土壤、用具和圈舍等。

该菌可感染各种年龄和品种的猪，主要见于育成猪或架子猪。以 3～6 月龄猪最为多发。本病的发病率和死亡率取决于猪群的免疫水平。仔猪暴发急性丹毒时，其死亡率可达 20%～40%，在慢性感染猪群中，发病率及死亡率主要取决于环境及其他继发感染等因素。

猪主要是通过被污染的饲料、饮水、皮肤创伤等感染，吸血昆虫也能传播本病。

本病在潮湿闷热的夏、秋季多发，其他月份则零散发生，多数为地方流行或散发性。环境条件改变和一些应激因素（如饲料突然改变、气温变化、疲劳等），都能诱发本病。

【临床症状】 猪丹毒有急性型、亚急性型和慢性型3种临床表现形式，我国流行的猪丹毒以急性和亚急性型居多。

(1) 急性型 猪群先是有1头或几头突然出现死亡，且未表现出任何明显的症状。其他病猪体温升高达42℃以上，食欲不振，有时发生呕吐，拒绝走动，眼结膜充血。发病初期通常排出干硬粪便，且表面混杂黏液，后期则排出稀软粪便或出现腹泻。经过1~2天，病猪胸部、腹部及股内皮肤较薄处开始出现红斑，且形状和大小都有所不同，初期呈浅红色，之后颜色逐渐变深，病程持续2~4天。如果哺乳仔猪和刚断奶仔猪患有本病，通常表现出神经症状，明显抽搐，一般1天以内发生死亡。

(2) 亚急性型 病猪初期精神沉郁，食欲减退，体温达到41℃左右，经过1~2天，在颈部、背部、胸部乃至全身皮肤上开始出现有明显界线的方形或菱形疹块（俗称"打火印"）（图2-18和图2-19），疹块在皮肤上略微凸出，用手指用力按压能够褪色。病猪在出现疹块后，体温开始下降，症状有所减轻，通常几天后疹块会褪色形成结痂。如果病猪没有出现并发症，发病1~2周后能够康复。有部分病猪会转变成败血型，从而发生死亡。母猪有可能出现不孕、流产、产木乃伊胎或产弱仔数增加的症状。

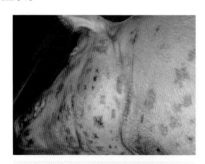

图2-18 母猪感染后皮肤出现菱形疹块

图2-19 保育猪感染后皮肤出现菱形疹块

（3）慢性型 多由急性和亚急性型转变而来，病猪体温基本正常或者略有升高，食欲不振，消瘦，被毛粗乱，拒绝走动，呼吸加快且短促。一般表现出浆液性、纤维素性关节炎、疣状心内膜炎和皮肤坏死3种症状。心内膜炎和关节炎一般会在同一头病猪身上一起发生，侵害四肢关节，以腕关节和跗关节多见，病变关节明显肿胀、僵直，伴有疼痛，甚至出现跛行，迫使病猪行走时，会突然倒地发生死亡。皮肤坏死通常单独发生，多发生在耳、背、肩、尾部，有时整个外耳、尾巴或整个背部大面积发生坏死，逐渐干燥变成干性坏疽、坚硬，呈黑褐色；皮痂脱落，新生的皮肤由于缺乏色素而呈浅色。

【剖检病变】 急性感染的猪，除皮肤损伤外，还能观察到典型的败血病症状，包括皮肤发绀（图2-20）。心外膜及心肌有点状出血，胃出血，小肠有轻微的或明显的黏液性或出血性肠炎（图2-21）。肝脏发生肿胀及瘀血。肾脏肿大，呈弥漫性的暗红色以至紫红色

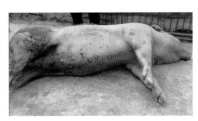

图2-20 急性感染引起猪的突然
死亡，后腿、腹下皮肤发绀

（图2-22），皮质切面可见许多暗红色针尖大小的点状出血。肺部瘀血、水肿。脾脏肿大，呈暗红色或樱桃红色，包膜紧张，边缘钝圆，质地柔软。脾脏切面出现白髓，周围有"红晕"，即在暗红色的脾脏切面上有颜色更深的小红点，红点的中心就是白髓。

图2-21 急性感染引起猪胃
和肠道出血

图2-22 急性感染引起肾脏
肿大、出血

慢性感染猪的关节显著肿大、变厚，内有大量的渗出液，关节面粗糙，在关节面的周缘关节囊增厚出现的皱襞特别明显，在滑膜上形成灰红色绒毛样的结构。在关节囊发生纤维组织增生后，关节完全愈着、变形，成为死关节。慢性丹毒的第二个表征是疣性心内膜炎，主要发生在心二尖瓣，很少发生在主动脉瓣、三尖瓣和肺动脉瓣等部位。在心瓣膜的血流面有大量灰白色血栓增生物，牢固地附着于瓣膜上，使瓣膜变形，继而引起心肌肥大、心脏扩张等代偿性变化，这可能导致病猪心功能不全及继发性肺水肿和呼吸困难，或突然死亡。

【诊断】 通过病猪皮肤上典型的菱形疹块和解剖特征，可以做出初步诊断。因部分猪场采取药物保健措施，使病猪临床症状不明显，增加了诊断难度，必须经过实验室检验，包括病料涂片镜检、细菌分离培养、PCR 检测等才能够确诊。

【防治】 新猪场要严禁从发生过本病的猪场引种。目前疫苗主要有弱毒菌苗和氢氧化铝灭活疫苗 2 种。弱毒菌苗的菌株有 G4T10 和 GC42，其中后者被广泛应用。母猪和公猪每隔 6 个月免疫 1 次；仔猪在45 ~ 60 日龄免疫，流行地区可在 3 月龄进行第 2 次免疫。猪丹毒 GC42 系弱毒菌苗也可以给猪口服免疫，一般在清晨空腹时口服，30 分钟后喂料，服后一般 9 天产生免疫力，免疫期可达 9 个月。在使用活菌苗的前、后各 7 天，应避免使用抗生素。后备猪引进前要提前做好疫苗接种，待产生免疫力后再引进；猪进场后，还应隔离观察 30 天以上，无疫情发生方可混群。

在治疗性药物方面，首选青霉素类，卡那霉素和新霉素基本无效。病猪可按每千克体重肌内注射 2 万 ~ 3 万国际单位青霉素，每天 1 ~ 2 次，连用 3 ~ 5 天，不要过早停药，避免出现复发或转变成慢性。

【诊治注意事项】 猪丹毒可以引起生长育肥猪的败血症、急性死亡、关节炎，临床上应当与急性猪瘟、猪霍乱沙门氏菌、猪放线杆菌、猪传染性胸膜肺炎放线杆菌、副猪嗜血杆菌、链球菌和其他细菌感染引起的疾病相鉴别。

五、猪链球菌病

【病原】 病原由多种不同血清群的链球菌感染引起，属于人畜共患病病原。它为革兰氏阳性球菌，兼性厌氧，不形成芽胞，无鞭毛，不能运动，有的在病料中或含有血清的培养基内能形成荚膜。它是沿一个方向进行分裂繁殖，用显微镜可观察到呈菌数不等、长短不一的链状排列（图2-23）。它对外界的抵抗力较强，0℃以下可存活150天以上，室温下可存活6天，在粪便、灰尘和死尸中可长期存活，但对去污剂和消毒剂敏感；对干燥、湿热敏感，在60℃的条件下，30分钟即可被杀死。

【流行特点】　一年四季均可发生，但在夏、秋季及潮湿闷热的天气多发。本病常以散发为主，有时也会在一个猪场大面积暴发，区域性流行较少，发病率和死亡率不等。

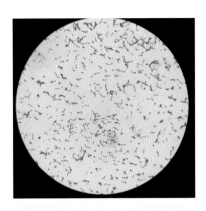

图2-23　链球菌的革兰氏染色，菌体呈蓝色，呈长短不一的链状排列（张炜）

本病易发生于卫生状况不良、养猪密度大的猪场，或多发于免疫接种、气候突变、通风不良、拥挤混群等应激发生的时候。不同年龄的猪对本病均易感，但常发于16周龄以下的猪，3~12周龄的猪最易感，尤其在断奶及混群时，易出现发病高峰。

传染源主要是病猪、病愈后带菌猪以及被污染的饲料、饮水。在病猪的鼻液、唾液、尿液、血液、肌肉、内脏、肿胀的关节内均可检出病原体。未经无害化处理的病猪和死猪肉、内脏及废弃物，运输工具及场地、用具、猪苗集散市场的接触，容易造成本病的传染和散播。

传播途径有多种，既可通过母猪分娩、哺乳等方式垂直传播给仔猪，又可经皮肤、黏膜创伤和消化道、呼吸道水平传播，其中呼吸道传播是最主要的传播途径。当新生仔猪断脐、断尾、阉割、注射等消毒不严时，也易发生感染，哺乳仔猪吃奶过程中腕关节被水泥地面磨伤，其他猪蹄底被水泥地磨损，皮肤损伤，尾部被咬，都易感染本病。

近年来在我国主要流行的菌株有C群链球菌，以及猪链球菌1型、2型和7型，尤其以猪链球菌2型危害最大，曾感染人且致其死亡。人的感染与直接接触病猪和带菌猪有关，皮肤有伤口者感染率最高，所以猪场的从业人员要注意个人防护。

【临床症状】　猪的链球菌病在临床上常表现为败血症型、脑膜炎型、关节炎型和淋巴结脓肿型4种类型。

（1）**败血症型** 发病很急，有时猪只见不到任何症状就突然倒地死亡。病猪会突然减食或停止采食，精神萎靡，卧地不起，体温升至41～42℃，多数在6～24小时内死于败血症。对于病程持续时间稍长的病猪，会表现出精神萎靡，食欲减退，体温高于41℃，眼结膜充血，有浆液性鼻液；少数病猪在后期于耳尖、四肢下端、腹下发绀或出血性红斑（图2-24），呼吸极度困难，鼻腔或口腔有时可见流出血样泡沫状液体，多数在3～5天内死亡。此型多发于架子猪、妊娠猪和育肥猪，如采取的治疗措施不及时有效，病死率很高。

（2）**脑膜炎型** 病猪初期体温升高、不食，有流浆液性鼻液，继而出现神经症状，运动失调、转圈、磨牙、尖叫；仰卧直至后躯麻痹、侧卧于地、四肢作游泳状划动，甚至出现角弓反张，呼吸困难甚至死亡（图2-25，视频2-2和视频2-3），临床症状与猪伪狂犬病毒感染很类似。

图2-24 母猪急性链球菌感染引起猪四肢下端、腹下皮肤发绀

图2-25 脑膜炎型病猪，角弓反张，四肢划水状

视频2-2 脑膜炎型链球菌感染引发的猪神经症状

视频2-3 关节炎型链球菌感染引发猪后肢跛行

（3）**关节炎型** 多由急性型或脑膜炎型随着病程的发展转化而来，或者从发病起就表现为关节炎。主要表现为关节周围肿胀，尤其是肘关

节、腕关节、膝关节和跗关节肿大（图 2-26 和图 2-27）。病猪呈高度跛行，有痛感，站立困难，病程 2~3 周，日渐消瘦，最终死亡。

图 2-26 育肥猪后肢跗关节肿大

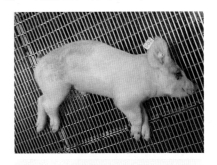

图 2-27 保育猪前肢肘关节和后肢跗关节肿大

（4）淋巴结脓肿型 多由 E 群链球菌引起，常见于体表颌下淋巴结、咽部和颈部淋巴结化脓、肿胀、坚硬、有热痛感，部分病猪伴有咳嗽等症状。前期可影响病猪的采食、咀嚼、吞咽和呼吸，随着病程的发展，化脓灶成熟，皮肤破溃流脓，随后症状逐步好转，病程约为 4 周，一般呈良性经过，另常见于因外伤引起的伤口脓肿。

【剖检病变】

（1）败血症型 病猪解剖后血液呈暗红色，凝固不良。全身淋巴结肿大，切面充血、出血、湿润，尤以腹股沟淋巴结肿大严重。肺肿大出血（图 2-28），气管和支气管内有大量白色泡沫样液体。心脏表面、心脏冠状沟及心内膜可见针尖大小的出血点，心包积液呈浅黄色。肝脏无明显病变，仅见胆汁黏稠。脾脏肿大呈暗红色，质脆易破裂，有的有黄白色坏死灶（图 2-29）。肾脏表面有针尖大小的出血点，肾乳头出血。

图 2-28 急性感染的肺肿大出血

（2）**脑膜炎型** 主要表现为脑膜下水肿，脑膜充血、出血（图2-30），脑脊液浑浊，脑实质有化脓性脑炎病变，脑切面可见白质和灰质有小点状出血。部分猪还表现有腹股沟淋巴结、肠系膜淋巴结肿大出血。

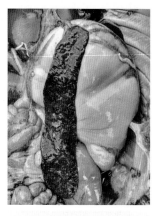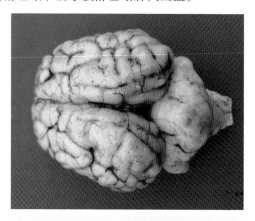

图 2-29　脾脏肿大呈暗红色，有黄白色坏死灶

图 2-30　脑膜充血

（3）**关节炎型** 关节腔中的滑液量增多，呈橙黄色或浅红色，或微混浊（图2-31），常混有纤维素凝块，关节囊滑膜充血和出血。

（4）**淋巴结脓肿型** 淋巴结肿大，充血或出血，切开内含黄白色干酪样物（图2-32）。

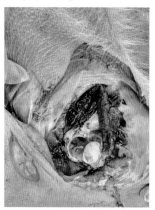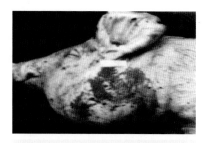

图 2-31　关节腔中滑液量增多，呈橙黄色、微混浊

图 2-32　下颌淋巴结化脓性肿大（J. M. King）

【诊断】　　一般根据临床症状、发病猪的年龄和解剖病变即可做出猪链球菌感染的初步诊断，也可以取适当的病料，如脓液、血液、脑组织做涂片染色，显微镜观察，见革兰氏阳性、成对或呈链状排列的球菌（图2-33），就可以做出诊断。确诊需要通过分离培养，观察菌落、溶血特征，并根据生理生化试验、PCR检测进行链球菌的定型或定群。

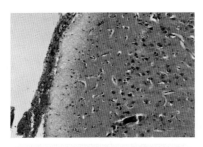

图2-33　脑膜充血，有大量炎性
细胞（HE染色，200倍）

【防治】　　加强栏舍的管理和消毒，清除产床上可能引起猪只损伤的尖锐物体；漏缝地板的尖锐凸出部位打磨平整；空栏冲洗消毒并彻底干燥，使用腐蚀性的消毒液（例如氢氧化钠）消毒栏舍后，一定要用清水冲洗干净，防止腐蚀猪只皮肤。

初生仔猪出生后使用创可贴或胶带包扎前后腿关节，防止仔猪关节损伤，对关节有损伤的仔猪可涂碘酊或鱼石脂。仔猪剪牙时，牙钳要先用开水煮沸消毒，然后用酒精消毒，剪完后的牙断面用碘酊消毒。在断脐、断尾、阉割时创面也应用碘酊消毒。

病猪可选用10%磺胺嘧啶注射液肌内注射，每天2次，连用3～5天；或5%盐酸头孢噻呋注射液每天1次，连用3天。如果病猪的淋巴结形成脓肿，要在脓肿完全成熟时将其切开，将脓汁完全挤出，再用30%的过氧化氢或0.1%高锰酸钾溶液冲洗、消毒，并涂擦碘酊。

目前国内有猪链球菌多价灭活疫苗和弱毒疫苗，建议选择链球菌多价灭活疫苗进行免疫，后备母猪可在配种前接种2次，期间间隔1个月；经产母猪和公猪每年免疫2次；仔猪3周龄首免，6周龄二免。但因链球菌的血清群众多，商品疫苗的保护效果可能有限。

【诊治注意事项】　　在取病料如脓液、血液、脑组织做涂片或触片染色后，显微镜观察到的链球菌往往呈单个或双球状排列，并非长链状；在经过液体培养基培养后它才能形成长链状。

因当前猪场疾病复杂，给临床诊断带来困难。需要注意将猪链球菌感染引起的关节炎和脑膜炎与副猪嗜血杆菌、猪伪狂犬病毒等感染相鉴别。

六、猪传染性萎缩性鼻炎

【病原】　病原主要由 D 型产毒素型多杀性巴氏杆菌（T⁺Pm）和支气管败血波氏杆菌（Bb）引起。Bb 的单独感染能引起非进行性萎缩性鼻炎（NPAR），而 D 型 T⁺Pm 与其他致病因子（如 Bb）共同感染可引起进行性萎缩性鼻炎（PAR）。

Bb 为球状杆菌，革兰氏染色阴性，呈两极着色。该菌对外界环境的抵抗力弱，一般消毒剂可将其杀灭。该菌在仔猪鼻黏膜纤毛上皮细胞上定居与增殖，并产生毒素导致黏膜上皮细胞的炎症、增生与退行性变化。

T⁺Pm 菌株是荚膜血清 A、D 型株，球状或短杆状，革兰氏染色阴性，在干燥的空气中仅能存活 2~3 天，在阳光直射下数分钟被灭活，高温时易死亡，普通消毒液都能将其杀灭。能产生皮肤坏死毒素，是引起 AR 的重要毒力因子。与 Bb 相比，仅少数猪场可分离到 Pm，而且 Pm 单独感染猪群，即可发生猪传染性萎缩性鼻炎（AR）。

【流行特点】　AR 是一种慢性传染病，一年四季均可发生，各年龄段的猪都可感染，由于感染的 T⁺Pm 和 Bb 菌株不同，发病情况有所差异，AR 的明显临床症状主要见于 1~5 月龄猪。发病猪及带菌猪是主要传染源。传染方式主要通过飞沫直接或间接传播。带菌母猪通过接触，经呼吸道感染仔猪，不同月龄猪再通过水平传播扩大到全群。AR 在猪群内传播比较缓慢，多为散发或地方性流行。

不同年龄的猪只对毒素的敏感性不同。6 周龄以内的仔猪对 Bb 毒素敏感，6 周龄后不敏感；对 T⁺Pm 的毒素，即便是 3 月龄的猪只仍然敏感。猪只发病的严重程度与其体内的毒素量相关，同时也与猪只的饲养环境有关，如果猪舍内空气污浊、饲养密度过大、饲料营养成分缺乏（如缺乏赖氨酸、维生素、钙、磷等）、抵抗力减弱及同时感染其他病原等，易出现较为严重的进行性萎缩性鼻炎的临床症状。

【临床症状】　5~10 日龄仔猪人工感染 Bb 40 天后出现较严重的临

床症状。T⁺Pm 的感染潜伏期随环境与感染量的不同而存在差异。实验猪鼻腔接种该菌 4 天后即可产生严重病变，而自然接触感染的猪只 4 周后才出现轻微病变。

NPAR 通常出现在 3 ~ 4 周龄仔猪身上；PAR 通常见于 4 ~ 12 周龄的保育猪与生长猪。病猪常因鼻炎而表现不安，随处拱地、奔跑，或用前肢搔扒鼻部，或在饲槽边缘圈栏等处摩擦鼻部。病猪在症状严重时会因打喷嚏致使鼻黏膜的血管损伤而流鼻血（图 2-34），一般是单侧发生，在猪背部或舍内墙壁上形成血迹。由于病猪鼻泪管阻塞会导致内眦部形成半月状泪斑（图 2-35）。鼻甲骨萎缩，鼻端上翘或歪向病损严重的一侧，呈现"歪鼻子"状（图 2-36）。若病猪两侧鼻腔的病理损害大致相等则鼻腔变

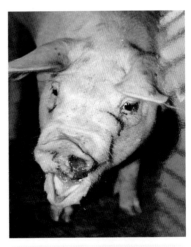

图 2-34 猪鼻孔流血

短小，呈现"短鼻"状。当病猪额窦受到侵害而不能以正常比例发育时，两眼间的宽度变小，使头型倾向于小猪的头型，呈现"小头症"。

图 2-35 病猪内眦部形成的
半月状泪斑

图 2-36 猪鼻扭曲变形

患萎缩性鼻炎的病猪体温一般正常，单纯的萎缩性鼻炎几乎不发生死亡，但是往往伴有肺炎发生，易混合感染或加剧其他呼吸道疾病，生长严

重迟滞，上市日龄推迟。

【剖检病变】 患猪的特征性病理变化为鼻甲骨不同程度萎缩。正常鼻甲骨有上卷曲和下卷曲，下卷曲有 2 个完整的卷曲，上卷曲为 1 个卷曲，上、下卷曲占据整个鼻腔，鼻中隔正直（图 2-37）。而病猪常出现鼻甲骨的下卷曲萎缩，部分病猪鼻甲骨上、下卷曲萎缩，甚至鼻甲骨完全消失，有时可见鼻中隔部分变形（图 2-38）。鼻黏膜充血、水肿，鼻窦内常积蓄大量黏性、脓性或干涸渗出物。

图 2-37 正常鼻甲骨与鼻窦

图 2-38 萎缩、变形的鼻甲骨

【诊断】 AR 临床症状明显，诊断进行性萎缩性鼻炎比非进行性萎缩性鼻炎要相对容易。然而，对于一些大量使用抗生素的养猪场来说，这些外部的临床症状有可能会被隐藏或掩盖，要确诊此病，还应该依靠一些辅助的诊断措施。

（1）剖检诊断 在第一至第二前臼齿上方横向切开猪鼻，并评估每个鼻甲骨的萎缩程度。病变程度的评分有多种方法，不同兽医的判定结果可能会有所不同，但每批次的检验样本都需要占总样本数的 20% 以上，以确保诊断的准确性。

（2）细菌学检测 可采用鼻拭子或鼻腔分泌物样本，以及猪的肺部灌洗样本来进行细菌检测。通常不同部位样品检测出的细菌会有差异，鼻腔及鼻分泌物易检出 T$^+$Pm 和 Bb，扁桃体易检出 T$^+$Pm，肺部易检出 Bb。鼻拭子采样是先将猪保定，用酒精棉球将鼻孔周围消毒，再用柔软的鼻拭子插入鼻腔轻轻捻动，采取鼻汁液，拭子探入鼻腔的深度相当于鼻孔至眼角的长度，两侧鼻腔分别采样。采集的样本保存于磷酸盐缓冲液中，在冷藏（4~8℃）条件下运往实验室检测。一般可采用 1% 葡萄糖血琼脂或麦康凯琼脂平板分离病原菌。扁桃体和肺部的分析判断常被作为诊断的依据。

（3）PCR诊断　通过 PCR 检测可鉴定出 Bb 和 T⁺Pm，用于 AR 的早期诊断和细菌的快速鉴定。

【防治】

（1）免疫接种　当前商品化的 AR 疫苗主要包括 Bb 灭活菌苗、Bb-T⁺Pm 二联灭活菌苗、Bb-T⁺Pm 类毒素疫苗、Bb 菌及其毒素和 T⁺Pm 及其类毒素疫苗。纯化的类毒素能更好地刺激机体产生相应的免疫保护力，选择含有 Bb 和 T⁺Pm 及其类毒素的联苗效果会更好。一般未接种过该种疫苗的母猪在产前 4~6 周首免，2 周后加强免疫 1 次；接种过该疫苗的母猪在产前 2~4 周免疫 1 次；仔猪可在 3~4 周龄免疫 1 次，感染压力大时，可在 8 周龄再免疫 1 次。

（2）加强猪群管理　猪场应该采用全进全出的饲养方式，严格卫生防疫措施，降低猪群的饲养密度，减少空气中病原体、尘埃与有害气体的浓度，改善通风条件，保持场舍清洁、干燥，减少各种应激因素，从而降低 AR 的发生率。

（3）药物预防　为了切断病原从母猪传染给仔猪的传染链，可在母猪妊娠最后 1 个月的饲料中添加磺胺二甲嘧啶、泰乐菌素、多西环素，或氟苯尼考等进行药物预防。在每吨饲料中加入延сед胺酸泰妙菌素 100 克和多西环素 150 克（按原药计），或每吨饲料中加磺胺二甲嘧啶 100 克（首次用量加倍），直到产后 2 周；仔猪在出生 3 周内，注射 2~3 次长效土霉素；育成猪也可用磺胺药或泰妙菌素等，同时根据国家规定按时停药。但对于鼻腔和面部严重变形的猪只，最好将其淘汰，减少传染源。

（4）净化　现在许多国家已启动了 AR 的根除计划，先后采取了无特定病原猪生产技术、药物预防性早期断奶技术和早期隔离断奶技术等。猪场可采用高效疫苗连续强化免疫，结合药物预防、抗原检测（用 PCR 方法）与清除（汰淘 T⁺Pm 阳性猪只）来实现 AR 的净化。这些方法对于控制 AR，提高猪群的生产性能起到了重要的作用。

【诊治注意事项】　需要注意与如下疾病鉴别诊断。

（1）传染性坏死性鼻炎　主要是鼻部发生外伤而感染坏死杆菌导致发病，病猪主要表现出鼻腔的软骨、软组织以及骨出现坏死，形成瘘管，并有坏死性分泌物流出，散发腐败的恶臭味，不会出现鼻甲骨萎缩或者消失的症状。

（2）传染性鼻炎　主要是感染绿脓杆菌而导致发病，病猪具有出血性化脓性鼻炎的症状。临床上，病猪表现出体温明显升高，食欲不振或彻底废绝。剖检病死猪，可见鼻窦、鼻腔的骨膜、嗅神经以及视神经鞘，甚至脑膜存在出血。而患有萎缩性鼻炎的猪不会出现该病变。

七、猪沙门氏菌病

【病原】　主要包括猪霍乱沙门氏菌、猪伤寒沙门氏菌、鼠伤寒沙门氏菌、肠炎沙门氏菌等。此类细菌在自然界中十分普遍，是一种革兰氏阴性肠杆菌，该菌为两端钝圆的直杆状菌（图2-39），无荚膜、无芽胞，生化特性复杂，抗原结构相似，兼性厌氧。除少数外，通常都有鞭毛，能运动；绝大多数有菌毛，可吸附于宿主细胞表面和凝集细胞。

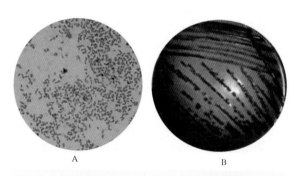

A　　　　　　　　B

图2-39　沙门氏菌的菌体形态（A）和菌落形态（B）

（方春春）

许多类型的沙门氏菌，尤其是肠炎沙门氏菌、鼠伤寒沙门氏菌和猪霍乱沙门氏菌都具有产生毒素的能力，毒素有较强的耐热性，在75℃条件下，经60分钟仍有毒力，可使人发生食物中毒。

沙门氏菌对干燥、腐败、日光等因素具有一定的抵抗力，在外界环境中可生存数周或数月；在60℃条件下，经1小时，75℃条件下，经5分钟均能杀死沙门氏菌。该菌对化学消毒剂的抵抗力不强，常用的消毒剂均能将其杀灭。

【流行特点】　本病一年四季均可发生，但在潮湿的多雨季节多发，一般呈散发性或地方性流行。在密集型饲养的断奶仔猪中多发，多发生于2~4月龄猪；哺乳仔猪一般不发生沙门氏菌病，可能与母源抗体的保护有关。猪只饲养密度过大、环境潮湿、饲料中使用被污染的劣质鱼粉、长途运输发生的应激、寄生虫病、分娩、过早断奶等，以及其他传染病的介入，都能使带菌猪的排菌量和易感性增加。病原连续通过若干动物传递后，其毒力可能会增强而扩大感染范围。

发病猪和带菌猪是本病的主要传染源，猪霍乱沙门氏菌主要依靠猪来传播；而鼠伤寒沙门氏菌的传染来源很多，猪场中的啮齿动物也可传播本病。

本病主要通过消化道和交配等方式传播。病猪和带菌猪通过粪便排出病原菌，污染饲料、饮水及环境，经消化道感染健康猪。特别是鼠伤寒沙门氏菌，可潜伏于消化道、淋巴组织和胆囊内，当受到外界不良因素刺激使其机体抵抗力下降时，病菌可转为活动而发生内源性感染。健康猪也可与感染猪进行交配感染，或用患病公猪的精液经人工授精发生感染。此外，子宫内感染也有可能发生。

【临床症状】　本病的潜伏期视猪的抵抗力、感染菌的数量和病菌毒力的不同而异，一般由数日至数周不等。临床上分为急性型（败血型）和慢性型（小肠结肠炎型）2类，以慢性型较为常见。

（1）急性型（败血型）　通常由猪霍乱沙门氏菌引起，主要发生在断奶至5月龄内的猪只，偶尔在大猪和成年种猪发生，表现为单个猪或呈流行性的突然死亡和流产。幸存的猪只所表现出的临床症状与病原菌侵害的部位有关，如发生肺炎、肝炎、肠炎，偶尔发生脑膜炎。患猪先出现食欲不振，不愿运动，体温突然升高至41~42℃，通常有浅表性的湿咳。猪只堆挤在猪栏一角，肢体末梢部位如耳根和胸前、腹下皮肤发绀（图2-40），发病3~4天才出现腹泻，排出浅黄色恶臭的液状粪便；有时出现呼吸困难、结膜炎等。个别猪在出现症状1天内死亡，

图2-40　病猪消瘦、耳根、后肢皮肤发绀（Gauger）

但多数病程为2~4天。通常情况下，本病的发病率不超过10%，而死亡率高。

（2）慢性型　通常由鼠伤寒沙门氏菌引起，其次是猪霍乱沙门氏菌，常发生在断奶后至 4 月龄的猪只。患猪一般病程较长，消瘦，被毛粗乱无光，体温升高（40.5～41.5℃），扎堆，寒战，精神沉郁。

初期症状为排黄色水样粪便，不带血色和黏液，几天内就可传染给同圈的大多数猪。腹泻通常持续 3～7 天，但典型的肠炎型病例在几周内会反复腹泻 2～3 次，粪便恶臭并混有大量坏死组织碎片或纤维状物，颜色呈灰白至黄绿色。后躯沾有灰褐色粪便，逐渐消瘦，生长停滞，眼内有黏性或脓性分泌物，上下眼睑常被粘着，贫血。

中后期在胸腹部、腿内侧等较薄的皮肤上，可见豆粒大小的痂样湿疹，近似圆形，呈暗红色或黑褐色。病猪的死亡率通常很低，只发生在腹泻的后几天，常由于脱水和低钾血症所致。有的病程拖延 15～20 天或更长，食欲逐渐废绝，腹泻时发时停，最后极度消瘦，衰竭而亡。多数猪在临床上完全康复，成为带菌猪，能间歇性排菌达 5 个月。

【剖检病变】

（1）急性病猪　主要呈败血症变化。耳、蹄、尾和下腹部皮肤（尤其是腹部）上有紫红色斑点。全身淋巴结有不同程度的出血，除病程长，一般肿大不明显，但肠系膜淋巴结肿大。肝脏呈瘀血变化，或在肝脏表面有粟粒大小的白色坏死灶。在心包、肾皮质有出血斑，胃基底膜发生由充血到梗死的变化。脾脏肿大，呈暗红色，质韧，切面呈蓝红色。肺脏变硬并有弥漫性充血，常见尖叶水肿出血，大肠黏膜有糠麸样坏死物（图 2-41）。

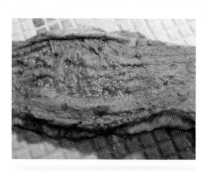

图 2-41　大肠黏膜有糠麸样
坏死物（Gauger）

（2）慢性病猪　主要特征性变化为坏死性肠炎。在盲肠、结肠及回肠处，初期肠壁淋巴小结肿大（绿豆至黄豆大小），后缓慢发展至坏死状态，并向外周扩散，形成较大的溃疡，溃疡周缘隆起，类似"纽扣"状，以后融合形成弥漫性黏膜坏死，使肠壁肥厚（图 2-42）；肠系膜淋巴结呈索状肿大；脾脏稍肿，肝脏有时出现灰黄色坏死小点（图 2-43）；肺尖叶、心叶和膈叶前下部常有卡他性肺炎病灶。

图 2-42　多灶性坏死性结肠炎，结肠黏膜增厚，表面有很多边缘隆起的"纽扣"状溃疡（Gauger）

图 2-43　肝脏表面有灰黄色坏死点

【诊断】　根据临床症状和病理变化可以做出初步诊断，确诊需要进行实验室诊断，主要包括：病料涂片镜检、细菌分离鉴定、血清学方法、分子生物学检测等。

【防治】　当猪场发生本病后，对病猪和同圈猪隔离消毒，加强饲养管理消除发病诱因，立即紧急注射猪副伤寒疫苗，并尽早进行治疗。

（1）预防接种　目前可用的疫苗有副伤寒多价灭活疫苗、单价灭活苗和仔猪副伤寒弱毒冻干菌苗。通常选择使用弱毒冻干菌苗，既可以肌内注射也可口服免疫。在仔猪断奶前后各免疫 1 次，间隔 21～28 天，母猪每年春、秋两季免疫。

（2）常用治疗方案　沙门氏菌常出现耐药性，最好在治疗之前对分离的菌株进行药敏实验，选用敏感药物治疗。早期病例可用恩诺沙星，按 2.5 毫克/千克体重肌内注射，2 次/天，连用 3 天。病猪常有脱水症状，可在饮水中添加口服补液盐和葡萄糖。

【诊治注意事项】　由于猪沙门氏菌的急性感染症状与猪痢疾、猪增生型肠炎、猪瘟等病相似，在实际诊断中要注意鉴别。

八、猪大肠杆菌病

本病由不同血清型的致病性大肠杆菌引起，属于革兰氏阴性杆菌，能运动，有鞭毛。在固体培养基上 24 小时即可长成较大的菌落，菌落表面光滑或粗糙，能在多种选择性培养基上生长。根据菌体抗原（O 抗原）、荚膜抗原（K 抗原）、鞭毛抗原（H 抗原）及菌毛抗原（F 抗原）进行的血清分型方法，大肠杆菌目前已鉴定出 173 个 O 抗原、80 个 K 抗原、56 个 H 抗原和 20 多个 F 抗原。

大肠杆菌能携带多种毒力因子并分泌毒素，是引起新生仔猪腹泻、断奶后仔猪腹泻与水肿的重要病原。该菌还经常与表皮葡萄球菌、链球菌混合感染，引起母猪的乳腺炎，导致乳腺发红、肿胀、坚硬，奶水颜色异常，奶量不足，仔猪瘦弱。引发乳腺炎的大肠杆菌血清型差异很大，一般缺乏传染性和免疫性。此外，它还可以引起母猪尿路感染。母猪的生理特点决定了其发病率高于公猪，而且随着母猪胎龄的增加，其发病率呈上升趋势。急性感染的母猪多表现为膀胱炎和肾盂肾炎，尿道排出黏性或脓性分泌物，粘在外阴周围，很容易被误诊为子宫炎。

（一）新生仔猪大肠杆菌性腹泻

【病原】　主要由产肠毒素性大肠杆菌（ETEC）引起，它利用 1 种或多种菌毛黏附素，如 F4（K88），F5（K99），F6（987P）或 F41 吸附在新生仔猪小肠黏膜上，分泌 1 种或几种肠毒素，引起新生仔猪腹泻，常见血清型有：O8：K88，O60：K88，O138：K81，O139：K82，O141：K88，K85，O64，O149 等。

【流行特点】　一年四季均可发生，主要发生在出生后 2 小时~7 日龄新生仔猪，以 1~3 日龄最为多见。死亡主要集中在仔猪出生头几天，1 周后会趋于缓和。

新生仔猪从脱离母猪子宫、寻找乳头到吮吸奶水的过程中，就开始接触产床地板、母猪皮肤和乳房表面上的大肠杆菌，食入足量致病性大肠杆菌，便会发病。病变的严重程度与所感染的大肠杆菌数量和毒力有关。

母猪初乳中 IgG 和 IgA 可以抑制该菌在仔猪肠道的附着。但是，如果母猪在产前未曾接触过该菌，初乳中缺乏相关保护性抗体，仔猪会对该菌易感。与多胎龄母猪相比，通常头胎母猪所产仔猪发病率会偏高。另外，如果母猪奶水不足、奶水过稀、乳头数不够，或仔猪因受伤致其争抢母乳能力减弱，都会增加此病的发生率。

产房的卫生条件、湿度和温度也是引发本病关键因素。仔猪出生 5 天内若产房温度低于 30℃，由该菌引起的腹泻将更严重。

【临床症状】　病猪主要表现为腹泻，各窝仔猪腹泻轻重程度不同。发病仔猪不愿吃奶、很快消瘦、脱水，从肛门排出黄色稀粪（图 2-44），后躯被稀粪污染，最后因衰竭而死亡。日龄稍大的仔猪精神尚好，吃奶正常，排出乳白色粪便（图2-45），形状为糊状、条状或含有气泡的稀粪，有特别的腥臭气味，发病2～3天后，逐渐消瘦，虚脱死亡。急性感染仔猪很少见下痢，身体软弱，倒地昏迷死亡。

图2-44 产房新生仔猪
排黄色稀粪

图2-45 产房仔猪腹泻，
粪便呈白色糊状

【剖检病变】 主要病变是胃与小肠卡他性炎症。胃充盈，残留未消化凝乳块；胃黏膜红肿；肠系膜淋巴结充血肿大，切面多汁；肠内含黄色水样稀粪（图2-46）或白色稀粪。

图2-46 肠内含黄色内容物

【诊断】　根据疾病的流行特点、临床症状和剖检病变可做出初步诊断，确诊可从肠黏膜或有病变的肠系膜淋巴结取样，分别在麦康凯琼脂或血琼脂平板上画线分离培养，挑取麦康凯琼脂上红色菌落或血平板上具有溶血的典型菌落做纯培养，经生化试验、血清学方法确定其菌属和血清型。

通过冰冻切片的免疫荧光法或组织切片的免疫过氧化酶技术，可以直接检测出黏附在小肠黏膜上的大肠杆菌，应用 PCR 技术可以快速检测出 ETEC 的毒力因子基因。

【防治】

（1）预防　保持产房环境清洁干燥、无贼风，出生 3 天内保温箱内温度为30～34℃，可以降低对新生仔猪的感染。

产房的设计对于此病的控制很重要，采用高于地面的漏缝产床，新生仔猪的腹泻率明显低于普通的水泥地板产床。

产房母猪和仔猪实行全进全出，产房仔猪移走后产床要彻底清洁消毒，避免仔猪批次间的感染。

（2）治疗　大肠杆菌很容易产生耐药性，药敏试验对于治疗药物的选择很重要。可选用氨苄西林、安普霉素、磺胺类、杨树花口服液等药物，给病仔猪口服或注射。口服含有葡萄糖的人工补液盐水对缓解病猪的脱水和酸中毒很有效。

一种新的预防仔猪 ETEC 腹泻的方法是口服外源性蛋白酶，如菠萝蛋白酶，它可以抑制 ETEC 在肠道黏膜上的附着。

（3）免疫　母猪免疫是控制新生仔猪 ETEC 腹泻最有效的手段之一。目前国内疫苗主要有三价灭活苗（K88、K99、987P）、二价基因工程苗（K88、K99）和大肠杆菌 K88ac-LTB 双价基因工程菌苗，均有一定的预防效果。建议母猪在产仔前 40 天和 15 天各肌内注射 1 次。

母猪初乳中高水平的抗体对此病的预防非常关键，但初乳保护失败可能的原因有：母猪以前从未接触过环境中的 ETEC，则初乳中不会含有抑制 ETEC 黏附的特异性抗体。任何能导致母猪无乳的疾病都可以减少初乳的分泌；另外，乳头损伤或乳腺炎会影响泌乳。此外，仔猪出生时瘦弱、受伤等不能吃到足够的初乳，也会对 ETEC 易感。

【诊治注意事项】　本病应与引起同龄仔猪腹泻的其他疾病如魏氏梭菌、猪流行性腹泻病毒、传染性胃肠炎病毒、轮状病毒、猪隐孢子虫和球虫等相鉴别。粪便 pH 的测定可能有助诊断，ETEC 感染造成的腹泻液常为弱碱性，而由传染性胃肠炎病毒或轮状病毒引起的代谢紊乱的腹泻液多为弱酸性。

（二）断奶后大肠杆菌性腹泻及水肿病

【病原】 由溶血性产肠毒素大肠杆菌引起，常见的血清型有 O139、O138、O141、O149 等型，其中 O149 型在断奶后腹泻的病例中检出率较高，O141 型在水肿病例中占比较大。这些菌株通常对猪有特异嗜性，在鲜血琼脂上培养几乎都是 β 型溶血。它们分泌的肠毒素可以引起断奶仔猪腹泻，类志贺毒素可以引起水肿。这些细菌与其他类型的大肠杆菌在形态、染色反应和培养特性上没有太大的区别。

【流行特点】 饲料营养在本病的发展中起很大作用，断奶后仔猪的饲料中通常会添加高水平的动物源性蛋白（如鱼粉和血浆粉），但这往往会引起仔猪在断奶后 3 周甚至在保育阶段发生营养性腹泻、生长缓慢和大肠杆菌感染。限饲的猪和自由采食高纤维低蛋白饲料的猪发病少且粪便中的含菌量低。

感染猪群的发病率有很大差异，一般为 30%～40%，但有的断奶猪群发病率可达 80% 以上。发生水肿病的死亡率为 50%～90%，病程一般为 1周；本病的恢复有时很迅速，再次发生的致死率较低。

该菌可以通过灰尘、饲料、运输工具，或其他动物传播。断奶猪先前所处的产房环境是本病的主要来源，多数由仔猪在产房中感染后把病菌带入断奶猪群。猪舍一旦受到某种血清型大肠杆菌的污染，那么该菌株可在栏舍内持续存在很长一段时间，而且会扩散至猪场其他栏舍或邻近地区。常规的清洁和消毒很难阻断传播。

本病与病毒（例如 PRRSV、PCV2）的混合感染，会导致猪只免疫力下降，增加腹泻严重程度。

酸性条件对大肠杆菌有抑制作用，酸化饲料虽然不能使空肠的 pH 降低，但可以调节空肠纹状缘附近的 pH。

【临床症状】 仔猪断奶后发病，通常先是一只或多只仔猪在断奶后 2 天左右突然死亡。同时被感染的其他猪只采食量显著下降，并出现水样腹泻。部分猪只表现特征性的尾部震颤，但体温正常。病猪脱水和精神沉郁，采食不规律。断奶猪栏舍的环境温度过低会使腹泻更加严重，但水肿病不会因冷应激而恶化。多数病猪鼻盘、耳和腹部发绀，死亡高峰通常在断奶后 6～10 天。有时会出现仔猪水肿病例，突然发病，体温不高，有神经症状，触之惊叫，叫声嘶哑，四肢乱动，似游泳状。病猪常见脸部、眼睑水肿（图 2-47），重者延至耳部、前肢皮下、鼻和唇部。部分猪后期出现水样腹泻。

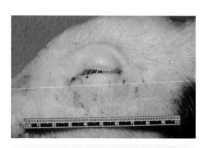

图 2-47　大肠杆菌感染引起猪的
眼睑水肿（Guager）

【剖检病变】　在猪只断奶后发生腹泻的病例中，病死猪严重脱水、眼睛下陷和一定程度的发绀。肺苍白干燥；胃底黏膜可见不同程度的充血和水肿；小肠扩张充血及轻度水肿，肠内容物呈水样或黏液样并有腥臭味；肠系膜充血，结肠系膜偶尔可见水肿。

在发生水肿的病例中，病死猪大多营养状况良好，皮肤略显苍白，尸体外观新鲜。病变以胃壁、结肠系膜、眼睑和全身水肿为主要特征。眼睑、颜面、下颌部、头顶部皮下呈灰白色凉粉样水肿。胃的大弯、贲门部水肿，在胃黏膜层和肌层间呈胶冻样水肿，厚度可达 2 厘米。结肠系膜及其淋巴结水肿（图 2-48），整个肠系膜胶冻样，切开有液体流出；肠黏膜红肿，甚至出血（图 2-49）。肺脏也表现不同程度的水肿，心内膜和心外膜可能出现瘀血点。

图 2-48　大肠杆菌感染引起的结肠
系膜水肿（Guager）

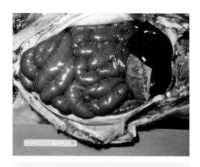

图 2-49　大肠杆菌感染引起小肠
充盈出血（Guager）

【诊断】

（1）**断奶后大肠杆菌腹泻** 猪只在断奶早期出现腹泻，极度脱水，并出现部分死亡，结合剖检病变可作为早期辅助诊断，确诊需要检测出肠毒素性大肠杆菌病原。

（2）**猪水肿病** 断奶后 1~2 周，在生长旺盛的仔猪中突然发病并出现神经症状，眼睑和前肢皮下水肿，可作为本病的初步诊断，解剖时胃、肠的水肿也可作为辅助诊断。确诊需要进行细菌的分离培养和病原的血清型鉴定，看是否与水肿病相关的血清型相符。

【防治】

（1）**管理方面** 断奶仔猪应尽量减少环境或其他形式的应激（如没有必要的仔猪混群、运输和转群）。注意仔猪由教槽料转换成保育饲料的衔接和过渡。

（2）**饲料营养方面** 要限制断奶仔猪饲料的摄入量，高纤维、低蛋白日粮可以降低猪水肿病和断奶后腹泻的发生。饲料中添加酸化剂也有一定的作用。微生态添加剂（粪肠球菌、无乳链球菌和蜡样芽孢杆菌）对自然感染的猪饲喂，效果不确定。

（3）**药物预防方面** 由于日益严重的耐药性和公共卫生安全等因素，很多国家已经禁止在饲料中加入药物性添加剂，一些植物提取物或精油、抗菌肽、酵母提取物正在逐渐发挥替代作用。氧化锌可以减少部分抗生素的使用，但应当考虑其对环境污染的作用。

（4）**免疫预防方面** 用高抗体的母猪初乳饲喂断奶仔猪，可以防止其感染，但实际操作难度较大。商品化的大肠杆菌三价灭活疫苗（K88、K99、987P）可在仔猪断奶后，水肿病或大肠杆菌腹泻发生前 3 周免疫，一般在 14~18 日龄免疫 1 次；如果仔猪在断奶后不久就发病，建议在母猪产前 40 天和 15 天各免疫 1 次。

【诊治注意事项】 水肿病例的神经症状需要与猪伪狂犬、链球菌病、副猪嗜血杆菌病等引发类似症状的疾病相鉴别。

用化学药物治疗断奶后仔猪腹泻的效果好于水肿病，通常选择能到达小肠的药物（如头孢菌素或甲氧嘧啶等）。

九、猪巴氏杆菌病

【病原】 多杀性巴氏杆菌（Pm）为无运动性的革兰氏阴性杆菌或球杆菌，两端钝圆，中央稍凸，无鞭毛，不形成芽胞。

Pm对外界环境的抵抗力不强，在直射阳光下经10~15分钟致死。在表层土壤中可存活7~8天，在粪便中存活14天，在60℃条件下10分钟、100℃时即死亡。猪场常用的消毒剂（如氢氧化钠、石灰乳、漂白粉、二氯异氰尿酸钠、过氧乙酸、季铵盐类）对Pm都有杀灭作用。

Pm分为多杀性、败血性、禽杀性和猫杀性4个亚种。在猪上分离到的绝大多数是多杀性亚种。该菌分为A、B、D、E和F共5个荚膜血清型，其中A型和D型在猪的分离株中最常见。从患肺炎的猪肺中最常分离的是A型菌株，而从患进行性萎缩性鼻炎的猪鼻腔中最常分离到的是D型菌株，猪体内很少能分离到F型菌株，引起猪急性败血性病的最常见血清型是B型。

【流行特点】 Pm对多种动物和人均有致病性，其中以猪和牛多发。一般情况下，不同畜、禽种间不易互相感染。但在个别情况下，猪巴氏杆菌可传染给牛，而禽与畜之间的相互传染则极少见。

一年四季均可发生，无明显季节性，但在初春、秋末以及气候突变的时候发生的概率比较大。多为散发，有时呈地方性流行。饲养管理不当、卫生条件恶劣、饲料和环境的突然变换及长途运输等，都是主要诱因。

病猪和带菌猪是主要传染源，潜伏期一般为1~5天，细菌随病猪的分泌物、排泄物、尸体的内脏和血液等污染周围环境。猪只通过食用被污染的饲料、饮水或舔食其他器物经消化道感染发病，接触和通过飞沫经呼吸道传染是次要的传播方式。育肥猪或种猪的患病的概率比较大，而仔猪患本病的概率比较小。病原体主要存在于病猪的肺部，在健康猪的呼吸道和消化道中也有巴氏杆菌，没有外源感染也可发病。

【临床症状】 Pm可以引发不可逆的进行性萎缩性鼻炎、肺炎和急性败血症。

（1）**进行性萎缩性鼻炎（PAR）** 请参阅猪传染性萎缩性鼻炎相关章节。

（2）**肺炎** 常发生于生长和肥育猪，能使原发性猪支原体肺炎或猪繁殖与呼吸综合征加剧，发展成猪呼吸道疾病综合征（PRDC）。这些多病因性疾病通常会引发高发病率和低死亡率，使猪只上市体重的时间明显延长和淘汰率升高。临床症状因所感染的病原体、疾病发生的阶段或严重程度的差异而不同，病猪通常表现为咳嗽、间歇热、精神不振、食欲减退、呼吸困难，重症时耳尖发绀。严重病例的临床症状可能与感染了可引发脓肿和胸膜炎的 Pm 菌株有关，这种病例的症状与胸膜肺炎放线杆菌感染非常相似，主要的区别是肺炎巴氏杆菌很少引起突然死亡，病猪极度消瘦，但能存活较久。

（3）败血型巴氏杆菌病 根据病程，可分为最急性型、急性型和慢性型 3 种。

1）最急性型。猪只突然发病，体温为 40 ~ 41℃，不停震颤，食欲废绝，心跳、呼吸加速，伸颈呼吸，呈犬坐姿势，有时会发出喘鸣声，有白色泡沫状液体从口鼻流出，有时会混杂血液（图 2-50）。耳根、四肢以及腹侧等部位的皮肤会出现红紫色的斑块，用手指按压褪色。耳根、颈部、腹部等处的皮肤有紫斑。病猪排出的粪便初期较干，后期呈粪球状。病程一般持续 1 ~ 7 天，通常在 1 ~ 3 天内死亡。

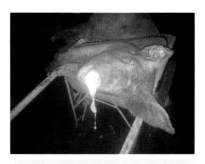

图 2-50 猪只急性死亡，有白色泡沫状的液体从口鼻流出

2）急性型。该类型比较常见。病猪体温达到 41℃，初期出现干性短咳，后期出现湿性阵咳，并有脓性黏液咳出，且常常混杂血丝，并伴有浆液性或者脓性分泌物从鼻孔流出，对胸部触诊会表现出严重疼痛，皮肤上存在红斑。病猪通常在 2 ~ 7 天内死亡，或变成慢性型。

3）慢性型。病猪在发病初期不会表现出明显的症状，经过一段时间就会表现出精神沉郁，食欲不振，体温忽高忽低，咳嗽，渐进性消瘦，行动无力。有时关节发生肿胀，出现跛行，皮肤出现湿疹。渐进性营养不良，严重消瘦。如果没有及时采取治疗，病猪往往会因脱水、电解质紊乱和酸中毒而死亡。

【剖检病变】

（1）进行性萎缩性鼻炎 本病的特征性病变是病猪的鼻腹侧和背侧鼻甲骨出现不同程度的萎缩。在轻度至中度病例中，鼻腹侧卷轴是常受感染部位；重症病例可进一步发展为鼻甲骨的完全缺失和鼻隔膜偏移。鼻腔内有脓性渗出物，偶尔伴有出血（图片请参阅猪传染性萎缩性鼻炎相关章节）。

（2）肺炎 Pm 通常只是肺炎的致病因子之一，肺部病变呈多样化。

肉眼可见的肺部病变包括典型的红至灰色实变。胸膜炎和内脏与壁腹膜的粘连，偶然也会发生心包炎。镜检变化包括支气管和肺泡腔内嗜中性粒细胞浸润为特征的化脓性支气管炎、间质增厚。在胸膜炎和脓肿病例中，可见纤维素性化脓性胸膜炎和坏死性化脓区的纤维包囊。其他的病变的复杂程度取决于所参与的其他肺炎病原体。例如：当有肺炎支原体感染时，可见细支气管周围淋巴细胞浸润；而当存在 PRRSV 感染时，则可见间质性肺炎病变。

（3）败血型巴氏杆菌病 皮下出血性水肿、瘀血和浆膜充血，肺部有不规则的出血性实变，腹腔脏器广泛性充血，在腹膜和胸膜腔内可能会有纤维蛋白存在。

1）最急性型。主要病变为全身黏膜、浆膜和皮下组织有大量出血点，尤其以喉头及其周围组织出血性水肿为特征。切开病猪颈部皮肤，可见到大量胶冻样浅黄色或青灰色纤维素性浆液。咽喉部黏膜因炎性充血、水肿而增厚，黏膜高度肿胀。全身淋巴结肿大，呈浆液性出血性炎症，切面呈红色，以咽喉部淋巴结最显著。胃肠出血性炎症，肺水肿、瘀血（图2-51），脾脏眼观无明显变化，腹腔和心包腔内液体增多。

2）急性型。特征性病变是纤维素性坏死性肺炎、纤维素性胸膜炎和心包炎。全身黏膜、浆膜、实质器官和淋巴结出血。气管、支气管内有泡沫状黏液（图2-52）；肺有不同程度实变区，病变周围常伴有水肿和气肿，病程长的在实变区内形成坏死结节，结节为粟粒大小的弥漫性坏死，多发生在肺膈叶，严重者肺胸膜被覆有纤维素膜，呈浅黄色。

图2-51 最急性巴氏杆菌感染引起肺出血、肿大（Guager）

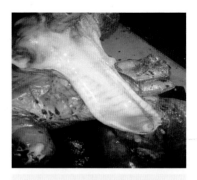

图2-52 急性感染引起气管内有大量泡沫状黏液

3）慢性型。肺实变区扩大，并带有黄色或灰色的坏死灶，外面为结缔组织包囊，内含有干酪样物质，有的形成空洞，与支气管相通。心包液和胸水量增多，胸膜有纤维素沉着，胸膜肥厚，沉着的纤维素呈浅黄色。肺门淋巴结高度肿胀和出血，并且常发生坏死。病程迁延的病例，由于各部肺炎变化的程度不一致，有代偿性肺气肿以及残存的无炎症区，因而肺表面表现凹凸不平，颜色和硬度也不一致。

【诊断】 根据流行特点、临床症状、病理剖检及药物治疗试验结果等可做出初步诊断，通过实验室细菌学诊断（如涂片镜检、分离培养、动物接种、生化鉴定）、组织病理学、PCR 等最结果可做出确诊。

【防治】 猪巴氏杆菌病的诱因众多，预防本病需要加强饲养管理，保持环境卫生，并对治疗方案和免疫程序进行精心的安排。

（1）进行性萎缩性鼻炎 由多杀性巴氏杆菌引起的进行性萎缩性鼻炎的防治方案，请参阅猪传染性萎缩性鼻炎相关的内容。

（2）肺炎 由于肺炎巴氏杆菌病经常出现在猪地方性肺炎或 PRDC 的中后期，通过免疫接种、药物治疗、加强饲养管理等措施控制原发性病原体（如猪肺炎支原体、支气管败血波氏杆菌和 PRRSV），是控制本病有效的方法。使用抗生素治疗肺部的 Pm 感染比较困难，因为药物难以在肺部的炎性病灶中达到有效的治疗浓度。治疗用药可选用长效土霉素、氨苄西林、头孢噻呋、托拉霉素。猪群早期隔离断奶、全进全出、减少混群和分群、减小猪舍和围栏规模以及降低饲养密度，在降低肺炎发病率上有较大意义。

（3）败血型巴氏杆菌病 每年春、秋两季用猪瘟、猪丹毒和猪肺疫三联疫苗，或猪肺疫氢氧化铝甲醛灭活菌苗，或猪肺疫口服弱毒活菌苗进行 2 次免疫接种。发病初期使用青霉素、庆大霉素、四环素类抗生素均有一定疗效，病猪可以用青霉素 2 万～3 万国际单位/千克体重和链霉素 10～20 毫克/千克体重，混合每天分 2 次肌内注射，连用 3～5 天；或 10% 磺胺嘧啶钠注射液，按 1 毫升/千克体重，肌内注射，每天 2 次，连用 3～5 天。

【诊治注意事项】 根据本病的流行特点、特有症状以及病理变化，可以对其进行初步诊断，但在临床上巴氏杆菌病与猪瘟、猪丹毒、猪副伤寒等很难区别。它引起的呼吸道症状和肺部病变又与猪流感、链球菌、猪副嗜血杆菌、支气管败血波氏杆菌、猪胸膜肺炎放线杆菌等难区分。因此，确诊需要进行细菌分离培养和其他的实验室检测方法来完成。

十、猪增生性肠病

【病原】 胞内劳森氏菌是猪增生肠病（又称回肠炎）的病原。该菌为 S 形弯曲或直的弧状杆菌（图 2-53），革兰氏染色呈阴性，抗酸染色呈阳性。它是严格的细胞内寄生菌，主要寄生在猪肠黏膜上皮细胞中，通过获取细胞线粒体的三磷酸腺苷，满足自身的生长繁殖，在常规的培养基或鸡胚中不能生长。该菌目前仅发现 1 个血清型，全球范围内该菌的致病性和免疫原性具有一致性。该菌属需要在微量的氧气浓度环境（如回肠）中繁殖。

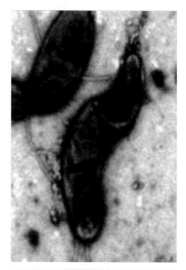

图 2-53 胞内劳森氏菌，呈 S 形的弧状杆菌

该菌对干燥的环境抵抗力弱，紫外线 30 分钟能使之灭活，在 5 ~ 15℃条件下，可以在粪便中存活 2 周。部分菌株对一些消毒剂（如 0.33%的酚类混合物、甲醛、过氧乙酸、氢氧化钠）有一定抵抗力，大部分菌株对季铵盐（3%的溴化十六烷基三甲铵）敏感。

【流行特点】 一年四季均可发生，但主要在 3 ~ 6 月散发或流行。一些应激因素（如天气突变、长途运输、昼夜温差过大、湿度过大、转群混群、饲养密度过大、频繁引进后备猪和频繁的接种疫苗等），都能引起本病的发生。

在两点式或多点式饲养模式的猪场，繁殖母猪群很少感染，通常是 12 ~ 20 周龄后的生长猪发生感染。在单点式饲养模式的猪场，由于猪的不断流动，繁殖母猪群会有感染；仔猪可能会在母源抗体消失时通过接触粪便而感染；保育猪在 5 ~ 7 周龄时会发生早期感染，并发生相应的临床和亚临床症状。

主要通过粪口途径在猪只之间水平传播。病猪、带菌猪是主要传染源，工作人员的服装、靴子和器械均可携带病菌；可在鼠体内繁殖，啮齿类动物也是本病的传播媒介之一。潜伏期为 7 ~ 21 天，猪被感染后 3 周左右是排菌的高峰期，排菌时间可持续到感染后 8 周，在此期间带菌猪可不表现任何可见的临床症状而感染其他的猪。

多数猪呈隐性感染，临床以慢性病例最为常见，表现为亚临床感染。虽然增生性肠病的死亡率不高，但严重影响生长育肥猪的生长，推迟上市时间，给养猪业造成了巨大的经济损失。

【临床症状】 病猪体温一般正常，临床主要表现为腹泻、生长速度慢、便血、饲料利用率降低。可分为急性型、慢性型和亚临床感染型 3 种类型。

(1) 急性型 多发于新引进的后备母猪（4 ~ 12 月龄）、年青母猪（1 ~ 2 胎）以及 17 周龄以上的育肥猪，尤其是经过长途运输或新引进的后备母猪易因应激而发病。

病猪突然出现剧烈腹泻、食欲减退、精神沉郁、扎堆卧地、排黑色柏油样的粪便或血便（图 2-54 和图 2-55），沾污病猪后躯，皮肤苍白，走路摇晃，有时体温稍升高，有时突然死亡，死亡率可高达 15% ~ 50%。妊娠母猪出现临床症状的 6 天内可能发生流产，急性感染病例母猪所产的仔猪不能获得保护。

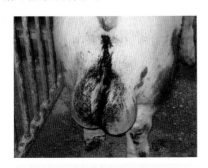

图 2-54 公猪的急性回肠炎，排暗红色血便　　　图 2-55 中大猪的急性回肠炎，排暗红色焦油样血便

(2) 慢性型 常发生于 6 ~ 20 周龄的猪，临床表现轻微，采食量下降，生长缓慢，被毛粗乱，间歇性下痢，随着病情的加重，粪便颜色会由黄色变为灰绿色（图 2-56）甚至红色，形态会由糊状变得更稀薄直至水样，有的粪便中可见未消化的饲料（图 2-57）。猪群整齐度差（图 2-58），病程长的猪表现为消瘦、贫血、皮肤苍白。猪群的发病率可达 25% ~

70%，死亡率较低（1%～5%），且多与并发或继发猪痢疾或沙门氏菌病感染有关。

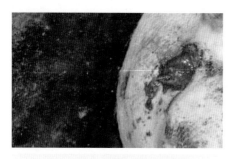

图2-56　中、大猪慢性回肠炎，下痢、排出灰绿色糊状粪便

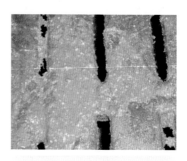

图2-57　慢性回肠炎，猪粪便中含消化不全的饲料

图2-58　慢性回肠炎，中、大猪整齐度差

（3）亚临床感染型　多发于6～20周龄的猪只，症状轻微或无明显腹泻，也可能发生轻微下痢但并不引起人们的注意，仅表现为猪只生长速度减缓，出栏时间推迟10天以上。

【剖检病变】　根据肠道病变的严重程度可以分为猪肠腺瘤病、坏死性肠炎、局限性回肠炎和猪增生性出血性肠炎4种类型，其中前2类为慢性型的表现，后2类为急性型的表现。

（1）肠腺瘤样病　是慢性增生性肠炎感染的早期病变，最常见的病变位于回肠末端50厘米处和结肠前1/3处，病变部位肠黏膜增厚形成脑回样皱襞（图 2-59），表面湿润而无黏液，常附有炎性渗出物。在此基础上病变继续发展或发生继发感染，形成坏死性肠炎，可见肠黏膜坏死，有黄灰色奶酪状团块和炎性渗出物附着于肠壁。

（2）坏死性肠炎 如果通过药物治疗能得到控制，则病变会逐步恢复改善，从而形成局限性肠炎，此时小肠肠壁增厚变硬（图 2-60），肠管增粗，切开肠管可见肠黏膜增厚，像橡胶管，称为"软管肠"（图 2-61）。

图 2-59 回肠黏膜增厚形成
脑回样皱襞

图 2-60 局限性肠炎时小肠增厚
变硬（Guager）

（3）出血性肠炎 病变主要见于回肠末端和结肠，肠黏膜出血（图 2-62），弥漫性、坏死性炎症；回肠和结肠腔内有血凝块（图 2-63），有的直肠中可能有血液与肠道内容物混合出的黑色柏油状粪便（图 2-64）。

图 2-61 局限性肠炎时肠壁增厚，
类似"软管肠"（Guager）

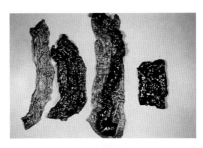

图 2-62 回肠黏膜出血

 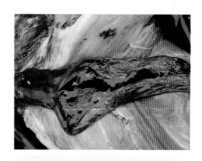

图 2-63　回肠黏膜出血，肠腔
内有条形的血凝块

图 2-64　肠腔内的黑色柏油状
粪便

【诊断】　根据流行情况、临床症状及特征性病变可做出初步诊断，确诊必须证实粪便或肠壁组织内含有胞内劳森氏菌。该菌的常规分离培养比较困难，常用的方法是取粪便样品用 PCR 或 qPCR 进行抗原检测，其他的方法如间接免疫荧光试验（IFA）、ELISA 等用于对发病猪血清和粪便进行诊断，也可用改良抗酸染色法或姬姆萨染色法对回肠黏膜涂片进行镜检，或取肠道组织进行组织切片，免疫组化检测在肠腺窝上皮细胞内可见黄褐色抗原（图 2-65），用镀银染色法，在肠黏膜腺窝上皮细胞可见许多黑色弯曲杆菌，并寄生于上皮细胞顶端的细胞质内（图 2-66）。

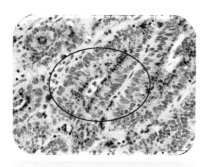 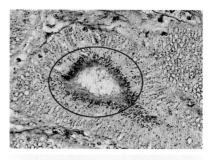

图 2-65　免疫组化检测在肠腺窝上
皮细胞内可见黄褐色抗原（Guager）

图 2-66　镀银染色可见在肠腺窝上皮
细胞有许多黑色弯曲杆菌（Guager）

【防治】

（1）管理措施　后备猪进场前可以采集粪便进行 PCR 的检测，只有阴性的种猪方可进场，并在隔离舍中隔离 45 天以上。在隔离期内新引进的后备种猪可使用泰妙菌素 100 克/吨拌料，脉冲式给药 10 天，间隔 15 天再投药 1 次，在确保没有回肠炎感染并完成相应的药物保健后方可混群。猪增生性肠炎主要通过粪便接触感染，因此，应做好粪便处理工作，以及对人员的工作服、靴子、生产工具的进行严格消毒，敏感的消毒药有季铵盐类。

（2）免疫接种 目前唯一上市的商品化疫苗，为德国勃林格殷格翰公司生产的恩特瑞®猪回肠炎活疫苗，口服免疫，经口灌服或饮水免疫均可，能有效降低猪出血性肠炎造成的后备种猪及育肥猪的死亡率。推荐哺乳仔猪 10 日龄到断奶前 3~4 天，灌服 2 毫升/头；后备种猪在进场 7 天后或出售前 1 个月左右，拌料或饮水，2 毫升/头；自留后备种猪建议在仔猪第一次免疫之后 16 周进行免疫；生产母猪和成年公猪，拌料或饮水普免 1 次，2 毫升/头，感染压力大时，6 个月后重复免疫 1 次。在免疫前后 3 天禁止给猪只使用敏感抗菌药物或消毒药物。

（3）药物防治 应注意以下三点：

1）药物的选择。胞内劳森氏菌属于胞内菌，所选药物除对病原菌敏感外，还应在肠道上皮细胞内有较高药物浓度，可选用大环内酯类（泰乐菌素、替米考星）和泰妙菌素等。

2）用药周期。无论口服还是注射给药，用药周期应在 14 天以上，最好达到 21 天。

3）用药时机。在胞内劳森氏菌感染高峰期到达之前给药可取得良好的效果，若给药时间"太早"，猪群仍会受到胞内劳森氏菌感染，有潜在暴发急性出血性回肠炎的风险，在育肥猪场预防性投药的时间多是在 8~11 周龄时进行。

【诊治注意事项】 因其临床症状与猪痢疾、猪沙门氏菌病、猪梭菌病等类似，均可导致猪只出血性下痢，应注意鉴别诊断。

十一、猪痢疾

【病原】 由猪痢疾短螺旋体引起，该菌为革兰氏阴性厌氧螺旋体，疏松卷曲，两端尖，呈活泼的蛇形。该菌对外界环境抵抗力低，在 25℃粪便内能存活 7 天，在 10℃土壤中能存活 10 天，阳光照射、加热可将其杀灭；对消毒药的抵抗力不强，一般消毒药（如过氧乙酸、来苏儿和氢氧化钠溶液）均能迅速将其杀灭。

【流行特点】　本病一年四季均可发生，不同品种各种、年龄的猪只均可感染，以2~3月龄仔猪最易感，断奶仔猪的发病率可达90%左右。病猪和带菌猪是本病的主要传染源，康复猪的带菌率很高，带菌时间可长达70天以上，常随粪便排出大量病菌，污染饲料、饮水、猪圈、饲槽、用具、周围环境及母猪躯体（如母猪乳头等），主要经消化道传染，其他传染途径尚未证实。仅感染猪，其他动物未见发生，小鼠、犬、八哥和野鼠均可成为传播媒介。本病潜伏期为1~2周，长的可达2~3个月。猪群暴发本病初期，常呈急性且死亡率较高，以后逐渐缓和，到了后期呈亚急性和慢性，严重影响猪只的生长发育。

【临床症状】　主要症状为病猪表现下痢，排出黄褐色或灰色稀粪（图2-67），混有黏液和坏死肠黏膜碎片或血液（图2-68）。病情严重时，粪便呈血冻样，内有大量黏液、血块，故有血痢之称。病猪外观消瘦，被毛粗乱，食欲不振，喜饮水，弓背卷腹，步态摇摆，多伴有脱水现象；后期排便失禁，肛门周围及尾根部常附着大量稀粪，最终衰弱而亡。

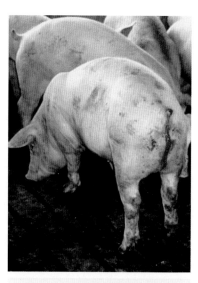

图2-67　发病初期病猪下痢，
肛门周围及尾根部常
附着灰色稀粪

图2-68　稀粪中混有较多黏液和
坏死肠黏膜碎片

【剖检病变】 主要病变发生在大肠，即以回肠与盲肠结合处为界，小肠及其他脏器没有明显病变。

（1）急性型 病猪表现为大肠黏液性、出血性炎症，大肠壁明显增厚，肠系膜淋巴结肿胀，黏膜高度充血和出血，肠腔内有大量红色的黏液或血液（图 2-69）。

（2）亚急性和慢性型 初期结肠有轻微的卡他性病变（图 2-70），后期可见大肠黏膜表面纤维蛋白渗出物增加，肠内有大量黏液和坏死组织碎片，黏膜表面上有点状坏死灶和灰黄色伪膜，一般结肠袢顶部病变较其他部分明显，揭开伪膜后露出浅表溃疡灶，肠系膜淋巴结肿大，胃黏膜充血。

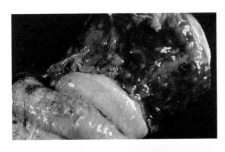

图 2-69 结肠部位溃疡性坏死
和出血（Gauger）

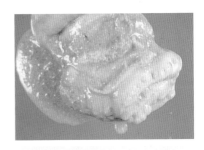

图 2-70 猪痢疾引起的轻微的
腹泻，卡他性结肠炎（Gauger）

【诊断】 根据本病流行特点和剖检表现，可做出初步诊断。进一步确诊需要进行细菌学检查（采集粪便病料直接镜检和暗视野检查、细菌分离和鉴定）、血清学诊断（琼脂免疫扩散试验、微量凝集试验和间接荧光抗体法）、细菌抗原的 PCR 检测。

采集病变肠道组织进行病理组织学检查，显示发病猪结肠、盲肠黏膜层增厚，呈现严重的卡他性炎症，肠壁淋巴滤泡增生，肠绒毛黏膜杯状细胞增多，黏膜表面有大量黏液覆盖，黏液中含有大量炎性细胞、坏死脱落的肠黏膜上皮细胞等（图 2-71 和图 2-72），黏膜层小血管充血、出血。切片镀银染色后高倍镜下观察，见肠上皮细胞之间黏结疏松，肠腔及腺窝内存在大量猪痢疾短螺旋体（图 2-73）。

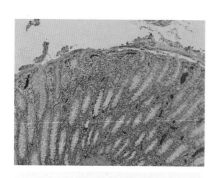

图 2-71　肠黏膜浅表溃疡，充血、出血，
肠腺间大量炎性细胞浸润（Gauger）

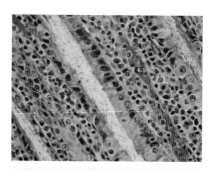

图 2-72　肠绒毛内充血、出血
（Gauger）

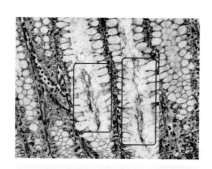

图 2-73　镀银染色后，可见结肠腺
体、隐窝内的猪痢疾短螺旋体

【防治】　加强饲养管理，及时清扫栏舍，并将粪便堆放到指定的区域进行消毒和发酵处理；定期对猪场过道、门房、饲养工具进行清洗和消毒，消毒液可选用4%氢氧化钠溶液、20%石灰乳、3%来苏儿等；在饮水中定期添加含氯的消毒剂进行处理；带猪喷雾消毒可选用3%来苏儿、0.1%次氯酸钠或0.3%过氧乙酸等；保持圈舍干燥，注意保温和通风，加强防鼠、灭鼠工作。

猪场尽量建立自己的种猪群，实行全进全出制度，防止交叉感染。严禁从疫区引进猪只，对外地引进的带菌猪必须隔离观察1个月以上。在阴性猪场一旦发现本病，最好全群淘汰，并对猪场进行彻底清扫和消毒，同时空栏2~3个月，方可进行饲养。

敏感的抗生素包括大环内酯类（泰乐菌素、替米考星）、林可胺类

（如林可霉素）、截短侧耳素类（泰妙菌素）。预防：在每吨饲料中添加泰妙菌素 100 克，连续饲喂 7 ~ 10 天。治疗：泰乐菌素肌内注射，按每千克体重 10 毫克，每天 2 次，连用 3 ~ 5 天。

【诊治注意事项】 应该注意与猪流行性腹泻、猪轮状病毒病、仔猪白痢等进行鉴别。猪痢疾病理变化主要集中在大肠黏膜表层，机体其他部位或脏器一般无明显的病变，此特征性的病变可用来与其他腹泻病相区别。

十二、猪钩端螺旋体病

【病原】 病原是钩端螺旋体，属于人畜共患病病原。它呈纤细的圆柱形，革兰氏染色呈阴性。由于钩端螺旋体表面抗原的表达水平不同，致其有很多的血清群和血清型。跟猪有关的血清型有布拉迪斯拉发型、波莫纳型和塔拉索维型等，其中波莫纳型最为常见。

【流行特点】 猪钩端螺旋体病可感染各日龄的猪只，3 月龄以下的仔猪的发病率较高。

有明显的流行季节，每年以 7 ~ 10 月为流行的高峰期，可呈地方性流行。传染源主要是发病猪和带菌猪，病猪的排菌量大，而且排菌期也较长。钩端螺旋体主要通过发病猪和带菌猪的尿液排出体外，对环境造成污染。此外，鼠类和蛙类也是主要的传染源，它们是钩端螺旋体的自然宿主，可以终生带菌。吸血昆虫叮咬、人工授精以及交配等均可传播本病。传播的途径有皮肤、消化道、呼吸道以及生殖道黏膜。环境中的钩端螺旋体可通过身体上的小伤口或擦伤部位，经黏膜（如眼结膜）或湿润的皮肤进入猪体内。猪只感染后 5 ~ 10 天在血清中可检测出凝集抗体，感染后约 21 天抗体会达到最高水平。

【临床症状】 急性感染时病猪表现体温升高、厌食、皮肤干燥有痒感，有时病猪往墙和棚栏上摩擦蹭痒，甚至蹭破皮肤出血；1 ~ 2 天内全身皮肤和黏膜黄染，排浓茶样尿液或血尿；几天或发病数小时突然惊厥而死。

亚急性和慢性病猪，病初体温升高，食欲减退；数日后，眼结膜出现潮红浮肿、黄染（图 2-74）。后期尿液呈棕红色，粪便干燥有时带血（图 2-75）。病程从数天至数十天不等，病死率高达 70% 以上，恢复猪往往因生长迟缓成为"僵猪"。

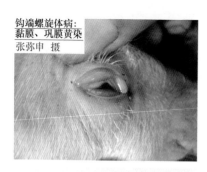

钩端螺旋体病：
黏膜、巩膜黄染
张弥申 摄

图 2-74 眼结膜黄染

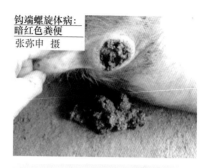

钩端螺旋体病：
暗红色粪便
张弥申 摄

图 2-75 排出带血的粪便

母猪在妊娠中期感染会发生流产，流产的母猪往往后肢麻痹，不能站立。母猪病死率不高，可经 1~2 周自然康复，但容易返情。

【剖检病变】 急性病猪是全身黄疸。皮肤、皮下组织、浆膜和黏膜有不同程度的黄染；胸腔和心包腔有黄色积液；肝脏肿大，呈黄色或棕黄色且质地变脆；肾脏肿大，肾皮质部有散在的灰白色坏死灶。心内膜、肺、胃、膀胱黏膜和肠系膜有出血点。膀胱内积有血红蛋白尿或浓茶样的尿液。水肿病例的上下颌、头颈、背部、胃壁等部位出现水肿。

流产胎儿会表现出皮肤出血、蹄壳脱落（图 2-76），肝脏有坏死灶（图 2-77），肺出血（图 2-78），肾脏黄染有红色出血点或出血斑（图 2-79），肠道和胃黏膜呈弥漫性出血（图 2-80 和图 2-81）。流产的胎盘一般表现正常，流产的仔猪出生时已死亡。

图 2-76 流产死亡的仔猪
皮肤出血、蹄壳脱落

图 2-77 死亡的仔猪肝脏上有数个
坏死灶，为特征性病变

图 2-78　流产胎儿的肺出血斑

图 2-79　肾脏黄染，表面点状和斑块状出血

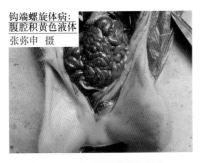

钩端螺旋体病：
腹腔积黄色液体
张弥申　摄

图 2-80　肠道浆膜弥漫性出血

钩端螺旋体病：
胃内积黄色液体
张弥申　摄

图 2-81　胃黏膜弥漫性出血

【诊断】　诊断方法可以分为直接法和间接法。

（1）**直接诊断法**　采集尿液接种特定培养基严格需氧培养，对病原体进行分离、组织病理学和暗视野显微镜检、免疫荧光和免疫组化方法，或通过 PCR 对钩端螺旋体的特有基因进行检测。

（2）**间接诊断法**　通过血清学方法检测病原体的抗体，包括显微镜凝集试验和酶联免疫吸附试验。

【防治】

（1）**环境管理**　首先立即将病猪进行隔离治疗，彻底清扫猪圈垃圾和粪便，并集中焚烧处理；对猪舍及周围环境、饲槽、饮水槽等器具等可用生石灰、1%～2%氢氧化钠溶液、0.2%～0.3%过氧乙酸等进行全面消毒。场内应严禁饲养狗和猫类等动物，对养猪场进行灭鼠；对病死猪、流产胎儿及其他排泄物要进行无害化处理。

（2）免疫注射 对有条件的养猪场，可用钩端螺旋体病多价菌苗（人用的 5 价或 3 价菌苗均可）进行紧急接种。通常猪免疫接种该疫苗后，可在 2 周以内控制住疫情。

（3）治疗 泰乐菌素 8.8% 预混剂拌料 1.6 ~ 3.2 千克/吨，用药 5 天，也可用土霉素、盐酸多西环素。病猪往往肝功能受损，在抗生素治疗的同时，可辅助用 5% 葡萄糖、5% 维生素 C 等提高治愈率。

【诊治注意事项】 本病的临床症状表现多样，多数病例的临床症状不明显，需要结合微生物学和免疫学检查才能做出准确诊断。同时注意本病与黄脂猪、阻塞性黄疸及黄曲霉毒素中毒的鉴别诊断。黄脂猪的特点是只有脂肪组织黄染，其他组织和体液均无黄染。阻塞性黄疸多见于猪蛔虫病，由于胆管被蛔虫阻塞出现全身性黄疸，在剖检时可检出阻塞胆管的虫体。黄曲霉毒素中毒主要是肝脏常发生严重的变性和坏死，引起胆汁色素沉着导致黄疸。

十三、猪渗出性皮炎

【病原】 主要由猪葡萄球菌引起，普遍认为猪葡萄球菌产生的表皮剥脱毒素是本病的主要致病因子。猪葡萄球菌为葡萄球菌属，革兰氏染色呈阳性，常寄居于猪只的皮肤、黏膜上，正常情况下属非致病菌。当动物机体的抵抗力降低或皮肤、黏膜破损时，病菌便由伤口感染。

葡萄球菌在环境中抵抗力较强，在干燥的脓汁及血液中可以存活 2 ~ 3 个月，在 80℃ 条件下 30 分钟才能灭活，但在沸水下可迅速使其杀灭，一般的消毒剂均可将其杀灭，对磺胺类、β-内酰胺类以及大环内酯类药物较敏感，但易产生耐药性。

【流行特点】 主要发生于哺乳仔猪，特别是 4 ~ 10 日龄内的仔猪，断奶仔猪和育成猪也时有发生。病猪先是在局部感染处出现病变，经过 1 ~ 2 天就会扩散至全身，甚至引起局部流行，导致全窝或若干窝仔猪同时发病。哺乳仔猪感染本病后死亡率在 70% 左右。仔猪断奶后转入保育舍，也能够感染本病，发病率约为 20%，但死亡率相对较低。成年猪通常呈散发，但症状轻微，往往不会造成死亡。该菌常被看成是一种继发性病原菌，猪群中存在圆环病毒 2 型、猪繁殖与呼吸综合征、猪瘟、猪伪狂犬病、寄生虫病等感染时，死亡率可明显上升。

本病的发生与猪只体表发生损伤密切相关。

【临床症状】　仔猪感染开始时，在耳郭、眼睛周围、面部、腹部以及肛门等无被毛处的皮肤上形成红褐色斑块（图2-82），并有铜锈色或者红色分泌物排出，随着斑点的不断增大，逐渐形成直径为3～4毫米的微黄色水疱，水疱破裂后有黏性液体渗出，该过程进展迅速，如果不仔细观察很容易被忽略。经过1～2天病斑就会扩散至全身，其颜色很快变暗，之后皮肤不断湿黏，渗出物、溃疡与尘埃、皮屑和粪便

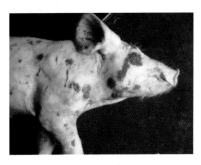

图2-82　在耳郭、眼睛周围、面部等无被毛皮肤上形成红褐色斑块（曹希亮）

等黏合后形成龟背样的黑褐色坚硬厚痂皮（图2-83和图2-84），并散发恶臭味，具有痒感。当痂皮脱落后就可看到鲜红色的创面。发病后期由于不断摩擦皮肤而破溃，有黄色或血样分泌物流出。患病仔猪表现出脱水、消瘦，常常会扎堆，严重者体重迅速减轻并会在24小时内死亡。

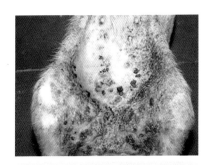

图2-83　病猪腹部形成的黑色痂皮（Louise Bauck）

图2-84　病猪全身形成黑褐色坚硬厚痂皮

【剖检病变】　因患渗出性皮炎死亡的猪，尸体消瘦，皮肤增厚，严重脱水。剥除皮肤痂皮可见暗红色创面，真皮、表层间有出血点。眼睑水肿。外周淋巴结肿大，在肾的髓质切片中可见尿酸盐结晶，在肾盂中常有黏液或结晶物质聚集，并可能出现肾炎。其他内脏多无明显病变。

【诊断】 根据临床症状、剖检病变即可对仔猪做出初步诊断。通过细菌学检查、和组织学的方法可以确诊，也可以用 PCR 方法对不同的葡萄球菌进行检测和分型。

【防治】 防控体表寄生虫的感染以减少皮肤损伤，降低猪葡萄球菌的感染概率。猪场每年应定期驱虫，新母猪可在产前、产后 7 天可使用盐酸林可霉素保健，以降低猪葡萄球菌传染给仔猪的概率。

严格仔猪在产房剪牙、断尾、断脐、打耳号、阉割及消毒等生产的规范化操作，控制仔猪在哺乳时可能引起的关节磨损、咬斗、异物创伤等情况，以降低猪葡萄球菌的感染概率。

病猪可用温度在 40~45℃的 0.1% 高锰酸钾溶液清洗患部皮肤或浸泡全身，伤口感染严重的用过氧化氢冲洗并涂抹碘酊，然后涂敷三甲氧苄啶和磺胺间甲氧嘧啶，或林可霉素和大观霉素制成的软膏；对伴发真菌感染的仔猪，涂敷灰黄霉素或氟轻松。全身治疗选用头孢噻呋钠 2 毫克/千克体重和地塞米松肌内注射，每天 2 次，连用 3~5 天；病情严重的猪则淘汰处理。

【诊治注意事项】 在诊断哺乳仔猪渗出性皮炎时，需要注意与猪疥癣、猪痘、湿疹及猪皮炎肾病综合征进行鉴别，以防误诊。

十四、猪梭菌性肠炎

【病原】 梭菌是严格厌氧的革兰氏阳性棒状杆菌，多数菌株可形成荚膜。该菌可产生 12 种毒素，根据外毒素的特性可将该菌分为 A、B、C、D 和 E 共 5 种血清型。

在猪上最重要的是 A 型和 C 型产气荚膜梭菌。A 型主要产生 α 毒素，可引起新生仔猪和断奶后仔猪腹泻（图 2-85），很少引起肠毒血症和急性出血性肠炎。C 型主要产生 α 和 β 毒素，其 β 毒素是引起仔猪出血性坏死性肠炎病的因素，常见引起 1 周龄以内的仔猪发病，而且死亡率很高。目前在新生仔猪病例中，C 型产气荚膜梭菌的分离比例下降，而 A 型所占比例在逐渐上升。

图 2-85　A 型产气荚膜梭菌引起仔猪腹泻

艰难梭菌可存在于健康猪肠道内，也被确认为是新生仔猪梭菌性腹泻的病原，可引起回肠炎症和结肠系膜水肿。

【流行特点】　病猪和带菌的人畜是本病的传染源，特别是肠道带菌的母猪，细菌随粪便排出体外，污染猪圈，仔猪出生后很容易从被污染的乳头感染，或从周围的环境食入病原菌的芽孢而感染发病。本病具有明显的年龄特点，通常发生在出生后 12 小时 ~7 日龄的仔猪，其中尤以 1~3 日龄的哺乳仔猪最为多发，1 周龄以上的仔猪发病较少。

近年，临床发现梭菌引起猪只发病的日龄有日趋渐大的趋势，断奶仔猪甚至生长育肥猪以及母猪也时有零星发生，表现病势急、病程短、死亡快等特点。在猪场的同一猪群内，各窝仔猪的发病率往往相差很大，有的全窝发病，有的仅有少数猪发病，一旦发病死亡率可高达 70% 以上。因该菌会产生芽孢，病原传入后能长期存在于环境中，预防不力则持续危害。

【临床症状】　C 型产气荚膜梭菌感染的仔猪一般发病很急，急性病例可在出生后 12~36 小时即出现症状，当天或第 2 天死亡。初生仔猪突然排红褐色液体粪便，粪便中有时含有气泡，有特殊的腥臭味。部分病猪会伴有呕吐，或者发出尖叫。也有少数病例未出现血痢就突然衰竭死亡。

有些病猪持续性发生非出血性腹泻，一般在出生后 5~7 日龄死亡。发病初期，病猪排出黄色的稀软粪便，其后粪便呈清水样，内含灰色坏死组织碎片，类似"米粥"状粪便。一般病猪初期活力较好，但体质日渐消瘦，最终因大量脱水而死亡。

病程长的猪表现出间歇性或者持续性腹泻，发病后持续数周死亡。病猪排出黏液状的黄色粪便，会阴部和尾部沾有粪痂，病猪逐渐消瘦，比较健壮活泼，但生长发育缓慢。最终死亡或因生长停滞而被淘汰。

【剖检病变】　对最急性病死猪进行剖检，特征性病变是肠道出血（图 2-86），其中最明显的是空肠段，肠腔充气，肠黏膜变薄，呈紫红色，或有大量出血点，肠内容物混杂血液和肠黏膜碎片，呈血色，局部黏膜发生坏死。盲肠黏膜有出血斑点，内存有气体以及稀粪。肠系膜淋巴结、腹股沟淋巴结发生出血，水肿多汁。胃内含有大量气体

图 2-86　C 型产气荚膜梭菌引起的
仔猪急性肠道出血（Guager）

和干酪样乳块，胃黏膜充血、脱落。肺部发生充血、出血，气管环明显充血。肾皮质部有出血点，膀胱黏膜也有出血点。

在亚急性型或慢性型病例中，有的病例胸腔、腹腔积液，肠腔内有黄色的稀粪，结肠系膜严重水肿（图2-87）；有的病例小肠充气，内含黄色液体样稀粪，小肠黏膜上覆盖有纤维素性坏死性伪膜（图2-88）。

图2-87 艰难梭菌引起仔猪结肠系膜水肿（Guager）

图2-88 A型产气荚膜梭菌引起的仔猪小肠黏膜纤维素性坏死（Guager）

【诊断】 实验室确诊的主要方法有肠内容物和黏膜损伤处的涂片镜检、细菌分离培养、毒素中和试验，PCR技术也已经用于产气荚膜梭菌毒素的检测和血清型的鉴定。C型产气荚膜梭菌肠炎可根据流行特点、临床症状（1周龄以内的仔猪下痢且粪便呈血色液状，病程短，死亡率高）做初步诊断，组织病理诊断主要是肠绒毛脱落，表面溃疡以及出血性坏死（图2-89）。

图2-89 C型产气荚膜梭菌引起的肠绒毛脱落、出血性坏死（Guager）

通过 A 型产气荚膜梭菌肠炎的组织病理切片可以观察到小肠绒毛有轻度溃疡，在肠绒毛间有嗜中性粒细胞，和大量棒状杆菌（图 2-90）。艰难梭菌的主要病变特征是引起化脓性盲肠炎和结肠炎，一般小肠病变不明显，结肠组织病理检查可见肠绒毛上皮细胞有嗜中性粒细胞渗出，形成火山状（图 2-91）。

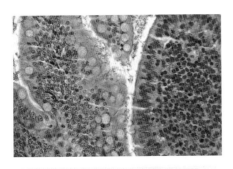

图 2-90　A 型产气荚膜梭菌肠绒毛轻度溃疡，肠绒毛间有大量棒状杆菌（Guager）

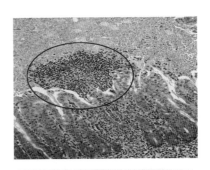

图 2-91　艰难梭菌引起的嗜中性粒细胞从结肠绒毛顶端渗出，形成火山状（Guager）

【防治】　保持猪舍环境清洁，做好产房及临产母猪的清洁卫生及消毒工作，可用百毒杀按 1∶200 比例稀释进行全面消毒。母猪分娩前，用 0.1% 高锰酸钾溶液对乳房进行清洗和消毒。

目前有商品化的气荚膜梭菌多价灭活疫苗，母猪可以在分娩前 30 天和 15 天分别免疫 1 次；仔猪在 20 日龄和 50 日龄分别免疫 1 次。

对发病仔猪可以使用恩拉霉素，按每吨饲料添加 2.5 ~ 20 克（按原药计）；对脱水严重的仔猪同时口服补液盐水。

【诊治注意事项】　检测猪梭菌性肠炎的最适合样本是粪便，应该采集自直肠壶腹部以及小肠食糜，在 24 小时内送到实验室才能获得最佳检测结果。

十五、猪布氏杆菌病

【病原】　由猪布氏杆菌引起的重要人畜共患传染病。猪布氏杆菌是革兰氏阴性的球状杆菌，多以单个存在，不形成芽胞和荚膜，无鞭毛、不能运动。该菌对自然环境因素的抵抗力较强，在污染的土壤和水中可存活 1~4 个月，皮毛上 2~4 个月，鲜乳中 8 天，肉食品中约 2 个月。在直射阳光下可存活 4h。但其对湿热的抵抗力不强，在 60℃ 条件下，加热 30 分钟，或在 70℃ 条件下 5 分钟即被杀灭，煮沸立即死亡。

【流行特点】　仔猪对本病的易感性较低，随着日龄的增长，易感性逐渐增加，性成熟后变得更易感；妊娠母猪最易感染本病。患病的妊娠母猪在其流产或分娩时，大量布氏杆菌随着胎儿、羊水和胎衣排出，污染环境和饮水。感染母猪的阴道分泌物、乳汁及患病公猪的精液中均可带有布氏杆菌。

消化道是主要的传染途径，也可通过生殖道、皮肤和黏膜的小创口而感染本病。猪感染布氏杆菌后都有一个菌血症阶段，但布氏杆菌很快定位于其驻留组织和脏器（如胎盘、胎儿、胎衣、乳腺、淋巴结、睾丸、附睾和精囊等），并随时通过乳汁、精液排出体外。猪群一旦被感染，首先表现妊娠母猪零星流产，随后流产率逐渐增加，严重时可达 50% 左右；在流产高峰过后，流产率逐渐降低，甚至为零。多数患病的妊娠母猪只流产 1 次，流产 2 次者较少。但如不采取积极的防治措施，传染源将长期存在。当猪群更新、病健猪混杂的情况下，将再度暴发流行。本病无季节性，一年四季均可发生，除引起母猪的流产、死胎、不育和公猪的睾丸炎外，很少引起死亡。

【临床症状】　猪布氏杆菌感染母猪和公猪均表现较明显的临床症状，感染的猪大多呈急性经过，少数呈现典型症状。母猪表现为流产，多发于妊娠的中后期。流产母猪精神不振、食欲不佳，乳房、阴唇肿胀，有时排出黏性脓样分泌物，很少出现胎盘滞留。子宫黏膜常出现灰黄色粒大结节或卵巢脓肿，导致不孕。正常分娩或早产时，可产弱仔、死胎或木乃伊胎。

公猪感染表现为出现一侧或两侧睾丸炎和附睾炎，睾丸显著肿胀（图 2-92 和图 2-93）。病公猪性欲减退甚至消失，失去配种能力。病猪也

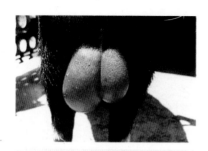

图 2-92　公猪患睾丸炎，左侧
　　　　　睾丸显著肿大

图 2-93　睾丸炎引起的两侧
　　　　　睾丸肿大

可出现跛行、关节炎，多发生于后肢，表现为关节肿大、关节强硬。

【剖检病变】

（1）母猪 发病母猪子宫不管妊娠与否均有明显病变，可见黏膜上散在很多浅黄色的小结节，其直径多半在 2～3 毫米，结节质地硬实，切开可从中压挤出少量干酪样物质。小结节可相互融合，形成不规则的斑块，从而使子宫壁增厚、内膜狭窄，通常称其为粟粒性子宫布氏杆菌病。输卵管也有类似子宫结的病理变化。流产后的子宫黏膜很少发生化脓性卡他性病变，但常有许多针尖大小到大麻子大小的小结节，结节中央含有脓液或干酪样物质。胎盘布满出血点，表面有黄色渗出物覆盖。

（2）公猪 公猪的睾丸发生化脓性、坏死性睾丸炎和附睾炎，切面可见坏死灶（图 2-94）；后期病灶可被机化或钙化，睾丸萎缩，阴茎黏膜上出现小而硬的结节。除此之外，精囊、前列腺与尿道球腺等都可发生与睾丸相同性质的炎症变化。

图 2-94 猪睾丸纵切面，见间质增生，睾丸炎，输精管坏死，睾丸肿大。左侧的小睾丸，灰色区域为坏死的输精管

【诊断】 如猪群中有大量妊娠母猪发生流产、大批公猪发生睾丸炎或有许多猪因发生关节炎而跛行，就应怀疑有布氏杆菌病发生。确诊需采阴道分泌物、流产胎儿、胎盘及化脓灶内脓汁，进行涂片镜检或细菌分离培养；也可做虎红平板凝集试验、试管凝集试验、ELISA 等血清学诊断。

【防治】 通常情况下抗生素治疗效果仅限于本病的菌血症期，停止治疗后，组织中仍存在布氏杆菌活菌。尽管治疗尚无法从宿主中根除所有细菌，但药物治疗可以抑制布氏杆菌的迅速繁殖，从而缓解临床症状和减少病菌的传播。

当猪群发现或怀疑有布氏杆菌感染时，应立即隔离，检出阳性及可疑病症的猪只可做淘汰处理，留下阴性的母猪包括后备母猪，全部注射或喂服猪布氏杆菌 S2 号疫苗，以后每半年或每年注射或喂服 1 次。公猪一般不免疫，但每季血检 1～2 次，阳性公猪立即淘汰。

【诊治注意事项】　根据流行病学，临床症状（如流产胎儿、胎衣的有明显病变，公猪睾丸炎等）都有助于本病诊断。但应当注意与有相同症状的疾病（如乙型脑炎、钩端螺旋体病、弓形虫病等）进行鉴别。

十六、猪附红细胞体病

【病原】　随着分子生物学的进展，现已将猪附红细胞体重新命名为猪支原体。附红细胞体呈球形、逗点状、卵圆形、月牙形等多种形态。寄生于红细胞表面时，使红细胞变形为齿轮状、星芒状或不规则形（图 2-95）。姬氏染色时，呈紫红色，瑞氏染色时，呈浅蓝色。

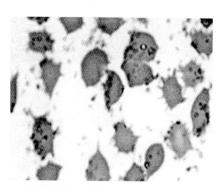

图 2-95　红细胞形态异常，边缘
呈齿轮状

【流行特点】　本病发病率为 10%～60% 不等。本病多经吸血昆虫、污染的针头、器械通过血液传播，也可经胎盘传染给仔猪，本病一年四季均可发病，但以夏、秋季多发。

【临床症状】 严重感染附红细胞体病的猪只以高热、贫血、黄疸为主要临床特征。病猪体温升高，达 40～42℃，稽留热；精神沉郁，不愿走动，喜卧地，食欲下降或废绝；呼吸急促，心音亢进；两耳肿胀发绀（图2-96），耳尖变干；鼻镜干燥，可视黏膜苍白或黄染，有轻度结膜炎症状；便秘，粪球被覆有黏膜或黏液，严重时带血；后期尿液呈棕红色（图2-97）。初生仔猪急性发作，表现为高热，可视黏膜苍白，耳尖乃至全身发绀，出生后1小时左右开始死亡，1～3天整窝死亡。30日龄左右的仔猪发病多呈亚急性经过，可视黏膜苍白，耳尖或全身出现紫色斑，手压不褪色。耐过的仔猪因生长受阻而变为僵猪。成年猪多呈慢性耐过，妊娠母猪流产，皮肤出血（图2-98）。死亡猪脐部、四肢内侧及腹下有出血点或出血斑。

图 2-96　患病死亡的猪皮肤
苍白黄染，耳皮肤发绀

图 2-97　患病死亡猪的膀胱
及棕红色尿液

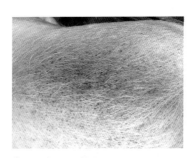

图 2-98　患猪皮肤有出血点

【剖检病变】 病猪腹下及四肢内侧皮肤有紫红色出血斑（图2-99），全身淋巴结肿胀，切面外翻，有液体流出；急性死亡病猪血液稀薄，不易凝固，各种黏膜及浆膜黄染（图2-100），胸腹部皮下脂肪轻度黄染，脾脏肿大1～2倍（图2-101），质软，表面有粟粒大的丘疹样出血结节或针尖大小的黄色点状坏死；肝稍肿大，表面有区域性灰白色坏死灶（图2-102）；胆囊肿大，胆汁黏稠；心肌呈熟肉样，心脏冠状沟脂肪轻度黄染；肺水肿、小叶间隔增宽（图2-103）；肾脏混浊肿胀呈暗红色，质地脆；结肠、直肠黏膜有粟粒大小、深陷的溃疡。

图 2-99 病猪腹下有出血斑，指压不褪色

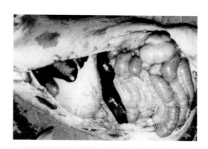

图 2-100 病猪内脏浆膜黄染

同日龄病猪脾脏

同日龄正常脾脏

图 2-101 病猪脾脏肿大

图 2-102 肝脏有出血点，有灰白色坏死灶

图 2-103 肺水肿、小叶间隔增宽

【诊断】 根据贫血、黄疸、发热等症状，结合镜检即可确诊。镜检时，在病猪耳静脉采血（不用酒精棉球擦拭，以防红细胞变形），滴于载玻片上，抹片后用瑞氏染色法，用高倍镜检，可看到红细胞呈星芒状或齿轮状，表面有 1~3 个蓝黑色颗粒，多者可有 3~5 个或 10 个，在血浆内也可见到病原，即可确诊。

【防治】

（1）**预防** 于 5~11 月多发，国内外普遍认为吸血昆虫在本病的传播中起主要作用，故本病的预防应综合控制，如保持圈舍卫生，扑灭媒介昆虫。

土霉素按 10 毫克/千克体重，给分娩前母猪肌内注射，可预防母猪发病；按 50 毫克/千克体重，给 1 日龄仔猪注射。

（2）**治疗** 四环素类抗生素对本病的治疗效果较好，而青霉素、链霉素、庆大霉素药物无效，可选用土霉素对感染猪进行治疗，经注射途径给药，剂量为 20~30 毫克/千克。

在病情严重时，还可同时结合对症治疗。针对贫血症状，可肌内注射维生素 B_{12} 或内服硫酸亚铁，以促进机体造血机能的恢复；用维生素 C、维生素 K_3、酚磺乙胺等止血；用大黄等健胃，这些均可促进病猪早日康复。

【诊治注意事项】 引起皮下脂肪黄染的除了附红细胞体外，还有霉菌毒素病、猪圆环病毒病等，注意鉴别诊断。

第三章

寄生虫病

一、疥螨病

【病原】 猪疥螨呈圆形，长约0.5毫米，肉眼可见。疥螨的发育过程包括虫卵、幼虫、若虫、成虫4个阶段（图3-1），在猪的皮肤内完成整个发育，周期为10～15天。

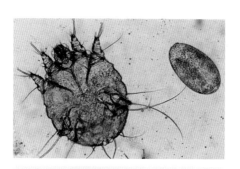

图3-1 疥螨成虫及虫卵（W. J. Smith）

【流行特点】 健康猪主要通过接触患病猪或污染的用具及环境而感染。

【临床症状与病变】 猪的眼睛周围、颊部、耳根、背部、体侧、股内侧的皮肤都可感染。感染处剧痒，病猪到处摩擦或以肢蹄搔擦患处（视频3-1），以致患处皮肤表现脱毛并出现红斑、结节、结痂、皮肤增厚，有的病猪患处皮肤形成皱褶和皲裂，皮肤受损，种公、母猪耳道内侧深处以及公猪的睾丸皮肤形成结痂和鳞片。（图3-2～图3-5）。

视频3-1 母猪感染疥螨，搔擦患处

图 3-2　猪疥螨病的颌下、颈部、前肢及胸下皮肤出现结痂与皲裂（W. J. Smith）

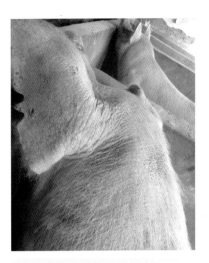

图 3-3　种母猪耳后侧、颈部周围皮肤呈灰色，有松动的厚痂、脱毛

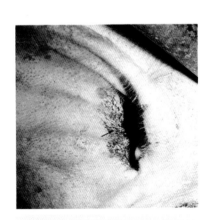

图 3-4　母猪耳道内侧深处皮肤出现结痂和皲裂（W. J. Smith）

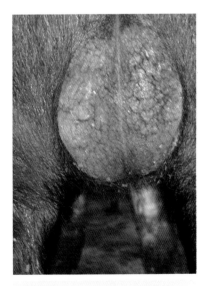

图 3-5　公猪睾丸皮肤结痂、增厚

【诊断】　根据流行特点、皮肤局部症状可做出初步诊断。确诊需检查虫体，可在病变区与健康区交界处用钝刀片刮取皮屑，直到见渗血为止。将皮屑及血液置于载玻片上，滴加10%氢氧化钠溶液2~3滴，稍等片刻，置显微镜下镜检，发现虫体即可确诊。

【防治】　猪舍应保持清洁、卫生、干燥、通风，可用5%氢氧化钠溶液消毒或用火焰喷烧地面及墙壁。防止引进疥螨病病猪。首选害获灭按1毫升/33千克体重进行注射，或按333克/吨对断奶猪、育肥猪预混剂拌料、按333~1667克/吨对种猪群拌料给药，连用7天；也可使用双甲脒溶液喷洒，或伊维菌素、多拉菌素注射，或者伊维菌素预混剂拌料予以预防和治疗。

【诊治注意事项】　猪舍地面及护栏用杀虫剂喷洒，种猪舍尤其是妊娠母猪舍最好使用毒副作用小的溴氰菊酯或双甲脒溶液喷洒。

二、蛔虫病

【病原】　猪蛔虫寄生于猪的小肠内所引起的猪寄生虫病即蛔虫病。大多数消毒药对虫卵无效，但蒸汽和阳光直射能杀灭虫卵。

【流行特点】　本病发生很普遍，生长猪较成年猪更为常见。虫卵随猪的粪便排出，猪摄入虫卵后，虫卵在小肠中孵出幼虫，幼虫穿过肠壁进入血管，随血液进入肝脏，再经腔静脉、右心室和肺动脉移行至肺，幼虫由肺的毛细血管进入肺泡，再沿支气管上行到咽部，又被猪咽下，重新进入消化道，在小肠内发育为成虫，这个过程约为2个月。

【临床症状】　在幼虫移行时引起蛔虫性肺炎，病猪体温升高、咳嗽、呼吸急促。成虫寄生在小肠内（图3-6），感染重时病猪表现为消化不良、腹泻、食欲不振、生长缓慢甚至死亡（图3-7）。

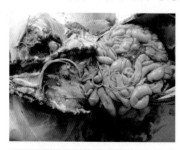

图3-6　猪的肠道内寄生的蛔虫

图3-7　猪营养不良，被毛粗乱，生长缓慢，因蛔虫寄生而引起死亡

【剖检病变】 幼虫在肝脏、肺部移行时，可引起肝脏出血、坏死，最后形成白斑，称为乳斑肝，严重的会化脓（图3-8 和图3-9），肺叶有出血点（图3-10），肺内有大量蛔虫幼虫。成虫可引起小肠黏膜出血，并有卡他性炎症，当成虫大量扭结时，可引起肠管阻塞。蛔虫进入胆管，阻塞胆管并引起黄疸（图3-11）。

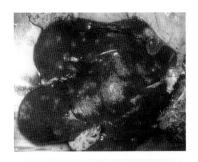

图3-8 肝脏表面分布有星状白斑

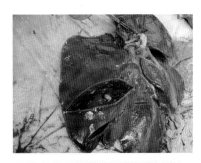

图3-9 肝脏表面及切面可见化脓灶

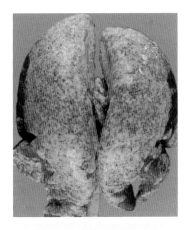

图3-10 肺表面有出血点
（W. J. Smith）

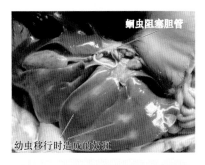

图3-11 蛔虫进入胆管，阻塞胆管
（张弥申）

【诊断】 本病常无特殊症状，当猪排出蛔虫时即可确诊，也可用饱和盐水法检查虫卵。

【防治】 加强猪场的清洁卫生和消毒，粪便与垫草应堆积发酵。定期给猪只驱虫，首选害获灭按1毫升/33千克体重进行注射，或按333克/吨对断奶猪、育肥猪预混剂拌料、按333～1667克/吨对种猪群拌料给药，连用7天。

【诊治注意事项】 使用驱虫药物驱虫时，需特别注意药物的毒副作用，混料喂服必须搅拌均匀。

🖙 三、弓形虫病 🖙

【病原】 弓形虫是细胞内寄生虫，根据其发育阶段的不同分为5种形态：滋养体—包囊—裂殖体—配子体—卵囊。终末宿主的猫科动物是唯一一种能从粪便中排弓形虫卵囊的动物。

【流行特点】 本病属人畜共患病，大多数猪感染后呈亚临床症状，被弓形虫感染的猫和鼠类被认为是猪弓形虫病感染的主要来源。裂殖体在猫的上皮细胞内进行无性繁殖。配子体在猫的肠细胞内进行有性繁殖。本病可经胎盘垂直传播。

【临床症状】 症状与猪瘟相似。病初猪只体温升高到40.5~42℃，稽留热。精神委顿、少食或拒食，粪便干并带黏液，在耳、鼻盘、胸下、腹下、外阴等处皮肤上出现红斑，以后红斑变为暗红色至紫黑色（图3-12和图3-13）。病猪表现呼吸困难。妊娠母猪常发生流产或产出弱仔和死胎。

图3-12 耳出血呈暗红色

图3-13 外阴出现暗红色斑块

【剖检病变】 病变与裂殖体迅速增殖引起组织坏死有关。病猪全身淋巴结肿大（图3-14和图3-15），切面湿润、出血（图3-16）。肺部肿大，部分瘀血呈暗红色，小叶间隔增宽，表面有出血点（图3-17）。肝脏肿大，有针尖大的坏死点和出血点（图3-18）。脾脏严重肿大，有出血点和白色坏死点，呈暗红色（图3-19）。肾脏有散在的黄白色坏死灶（图3-20）和出血点。胃肠黏膜肿胀，充血、出血（图3-21和图3-22），肠系膜水肿（图3-23）。膀胱黏膜有出血点。胸腹腔渗出液增多。

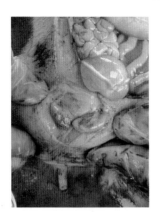

图 3-14 腹股沟淋
巴结肿大

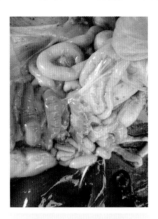

图 3-15 肠系膜淋
巴结肿大

图 3-16 淋巴结出血，
切面湿润

图 3-17 肺部轻度水肿呈
暗红，瘀血、出血

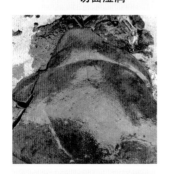

图 3-18 肝脏肿大，有白色病
灶和暗红色坏死点和出血点

图 3-19 脾脏肿大 2~3 倍，有
出血点和白色坏死点

图 3-20　肾脏颜色稍黄，表面
有白色点状病灶

图 3-21　胃黏膜有出血点
和出血斑

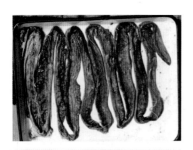

图 3-22　小肠黏膜严重出血

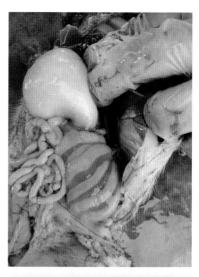

图 3-23　哺乳仔猪结肠系膜水肿

【诊断】　根据流行特点、临床症状与病变可做出初步诊断，确诊可取猪肺部、淋巴结或胸腹腔渗出液涂片、染色、镜检虫体（图 3-24）。

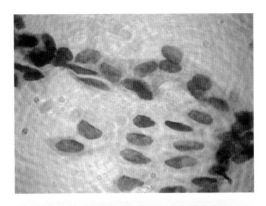

图3-24 镜下可见新月样或香蕉样虫体

【防治】 猪场应禁止养猫，严格灭鼠。发病猪及同群猪采取磺胺药物拌料控制。病情严重，不采食的病猪可以用磺胺针剂治疗。

【诊治注意事项】 本病易与急性猪瘟混淆，可通过观察脾脏病变，虫体检查加以区别。

四、球虫病

【病原】 仔猪球虫病的病原体为猪的等孢球虫（图3-25）。球虫分为猪体内和体外2个发育阶段，在猪的小肠黏膜上皮细胞内发育成卵囊，卵囊随猪的粪便排出体外，在适宜的温度、湿度和氧气条件下，经过1～3天发育成孢子化卵囊（图3-26）。

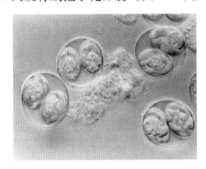

图3-25 猪等孢球虫，电镜观察球虫卵囊从回肠黏膜上皮细胞中释放出来（Hans-christianmundt）

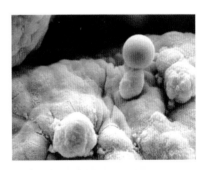

图3-26 猪等孢球虫孢子化卵囊（Hans-christianmundt）

【流行特点】 在猪感染球虫病后所排出的粪便中，球虫数量可达10万个/克粪以上，猪舍的地板、饲槽、母猪的乳头上有大量的卵囊。在仔猪出生后8~15天，极容易感染上球虫病。

【临床症状与病变】 仔猪感染上球虫病的主要临床症状是腹泻。腹泻的程度轻重不一，粪便的颜色由白到黄不等（图3-27），由黏稠到水样不等。仔猪可黏附上粪便，并有腐败酸奶的臭味，脱水，生长发育迟缓。极易继发大肠杆菌、轮状病毒、梭菌的感染，从而使病情加重。

图3-27 球虫引起的仔猪腹泻，排出水样黄色粪便（Hans-christianmundt）

【剖检病变】 患球虫病仔猪的空肠和回肠黏膜上皮细胞被破坏，小肠黏膜绒毛萎缩和融合（图3-28和图3-29）。

图3-28 电镜下健康猪的小肠绒毛（Hans-christianmundt）

图3-29 仔猪感染等孢球虫5天后，电镜可见小肠绒毛萎缩（Hans-christianmundt）

【诊断】 根据临床症状及发病日龄可初步做出诊断，临床症状出现2~3天后，对仔猪进行粪便涂片或粪便饱和糖盐水漂浮法检查即可确诊。

【防治】 母猪产房、产床要彻底消毒。在产仔后的第1周内，仔猪舍保持良好的卫生和地板干燥。要采取全进全出的制度，仔猪全部出栏后要用5%~10%的氢氧化钠溶液喷洒地面、墙壁和围栏等，也可以用火焰喷灯高温消毒地板和饲槽的污染区，以确保球虫卵囊被消灭而阻断传给下一批新生仔猪。

托曲珠利（百球清）是一种有效防治仔猪球虫的药物，3日龄仔猪按20毫克/千克体重一次口服。

【诊治注意事项】 注意与仔猪大肠杆菌区别。仔猪黄痢大多发生在1~5日龄以内的仔猪，特别是1~3日龄的仔猪；仔猪白痢发生于10~30日龄的仔猪，除发病日龄不同外，还可通过粪检查到球虫卵囊，与大肠杆菌病进行鉴别。

五、蠕形螨病

【病原】 猪蠕形螨寄生在猪的皮肤毛囊或皮脂腺内（图3-30~图3-32），全部发育过程都在猪的皮肤内进行。

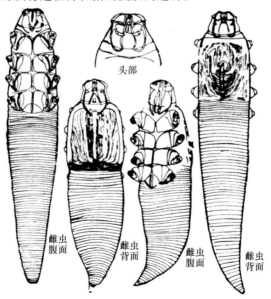

雌虫腹面　　雌虫背面　　雌虫腹面　　雌虫背面

头部

图3-30　猪蠕形螨

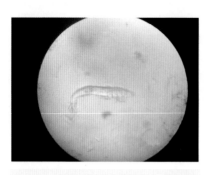
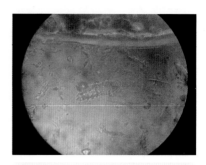

图 3-31　蠕形螨显微镜照片，侧面观　　图 3-32　蠕形螨显微镜照片，正面观

【流行特点】　猪主要通过直接接触感染本病。阴冷、潮湿和饲养密度过大是本病的诱因。

【临床症状】　本病多发生于细嫩皮肤处的毛囊、皮脂腺或皮下结缔组织中，先见于眼部周围，鼻部及耳基部，而后逐渐向其他部位蔓延。猪只轻度瘙痒，皮肤上出现大小不等的结节或小米粒大的脓肿（图 3-33 和图 3-34）后融合成较大的脓疱。局部皮肤增厚，不洁，凹凸不平或被覆大量鳞片或皲裂。

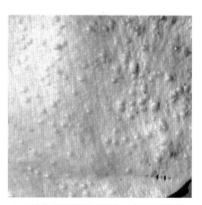

图 3-33　猪的头部皮肤上形成许　　图 3-34　皮肤上的结节继发感染，
　　　　多个小脓疱（W. J. Smith）　　　　　　形成小脓疱（W. J. Smith）

【诊断】　刮取皮肤上的结节或脓疱，取其内容物做涂片镜检，发现虫体即可确诊。

【防治】　注射伊维菌素（害获灭），剂量为 1 毫升/33 千克（其他用药见表9-3常见驱虫药的使用），同时可驱除猪体内其他线虫。当继发细菌感染时，可局部应用抗菌、止痒、抗过敏药物；感染面积大时可口服这些药物，有助于治疗继发性细菌感染。

☞ 六、猪小袋纤毛虫病 ☜

【病原】 小袋纤毛虫寄生于猪的盲肠和结肠，发育过程中包含滋养体和包囊2个时期。

【流行特点】 因猪只吞食粪便或污染的饲料中的包囊或滋养体而被感染。多发于卫生状况差的猪群尤其是保育猪。

【临床症状】 发病初期猪只腹泻，粪便呈糊状，临死猪只水样腹泻；一般无体温升高反应，消瘦、毛长（图3-35），发病后3～10天死亡。

图3-35　发病保育猪消瘦、毛长

【剖检病变】 病猪全身淋巴结髓样肿大，尤以肠系膜淋巴结最为显著，呈绳索状；肺出血且有不同程度水肿，小叶间隔增宽，充满半透明胶冻样渗出物，气管和支气管内有大量黏液性泡沫，有的并发肺炎；肾脏呈土黄色，有散在小点状出血或坏死灶；大小肠均有出血点；心包、胸腹腔有积液（图3-36）；结肠表面可见灰黄色米粒大小的结节（图3-37），溃疡明显（图3-38）。

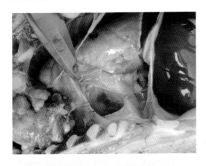

图3-36　心包积液

图3-37　结肠表面可见灰黄色
米粒大小的结节

图 3-38　结肠黏膜溃疡

【诊断】　结合临床症状、病理变化，取发病猪新鲜猪粪镜检，发现有较多小袋纤毛虫滋养体或包囊即可确诊。

【防治】　地美硝唑用于防治猪小袋纤毛虫病，每吨饲料添加1000～2500克20%预混剂（注意国家兽药典对此类药的使用限制）。本病的预防应着重搞好猪场的环境卫生和消毒工作，做好粪便的发酵处理，避免含有滋养体和包囊体的粪便对饲料和饮水的污染。

【诊治注意事项】　因小袋纤毛虫引起猪群的腹泻，容易误导饲养员对保育猪实行限制饲喂，加剧了猪群的营养不良，从而使抗病力下降。当继发副猪嗜血杆菌等各种疾病时，可引发猪只死亡。

七、鞭虫病

【病原】　毛首鞭形线虫（简称鞭虫）寄生在猪的大肠（主要是盲肠）。成虫呈乳白色，前部细长为食道部，后部短而粗为体部，整个虫体外形很像鞭子，故称鞭虫（图3-39）。

图 3-39　左为雌虫，右为雄虫（上野）

【流行特点】　鞭虫成虫在猪的盲肠内产卵，虫卵随粪便排出体外，在适宜的条件下发育为感染性虫卵，被猪吞食后，在猪的小肠内蜕化发育，然后移行到盲肠及结肠内，附着在肠黏膜上，在感染后 30～40 天发育为成虫。鞭虫头部钻入肠黏膜，引起盲肠及结肠发炎，同时分泌毒素引起猪只中毒。

【临床症状与病变】　猪只一般感染时无临床症状，严重感染时有卡他性肠炎，消瘦和贫血，排稀粪，粪便有时带有血液和黏液，可呈顽固性下痢。病变可见在盲肠内有许多鞭虫寄生（图 3-40），呈慢性黏膜炎症（图 3-41）。

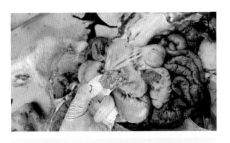

图 3-40　在结肠黏膜上寄生有许多鞭虫

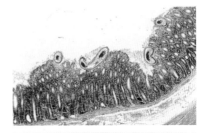

图 3-41　盲肠横断面组织学观察，见慢性盲肠炎和许多鞭虫
（W. J. Smith）

【诊断】　通过粪便虫卵检查，可见腰鼓样两端有栓塞的棕黄色鞭毛虫卵（图 3-42）；尸体解剖时，可在盲肠内检查到鞭虫，即可做出诊断。

图 3-42　虫卵呈腰鼓样（张弥申）

【防治】　预防本病要加强猪场的清洁卫生，粪便要热发酵处理。猪舍、饲槽及运动场要定期消毒，对猪只定期进行预防性驱虫。

　　使用害获灭或者害获灭预混剂拌料，进行预防和治疗，按 1 毫升/33 千克体重进行注射，或按 333 克/吨对断奶猪、育肥猪预混剂拌料，按 333～1667 克/吨对种猪群拌料给药，连用 7 天。（其他用药见表 9-3 常见驱虫药的使用。）

第四章

中毒病

一、猪黄曲霉毒素中毒

【病因】 黄曲霉毒素是黄曲霉的一种代谢产物，引起猪中毒的是黄曲霉毒素及其衍生物。

【临床症状】 猪采食霉变饲料后 5～15 天出现症状。急性中毒病例，病猪可在运动中死亡或发病后 2 天内死亡。病猪表现精神委顿，食欲降低或不食，后躯软弱，走路摇晃，黏膜黄染，体温正常，粪便干燥。发病后几天内死亡或没有出现症状而突然死亡。慢性中毒病例，病猪精神委顿，运步僵硬，拱背，异嗜癖，体温正常，黏膜黄染，消瘦，肚腹卷缩且病程较长，最后衰竭死亡。中毒死亡猪的皮肤变化不明显，仅个别猪的耳朵有出血点或腹下等部位的皮肤稍有发绀（图 4-1）。

图4-1 中毒猪倒地，腹下及前肢内侧皮肤稍有发绀

【剖检病变】 胸腹腔的所有脏器，特别是肠管有出血性变化（图 4-2），大网膜、肠系膜黄染（图 4-3），胃底部黏膜弥漫性出血

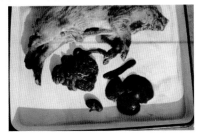

图4-2 肠管出血

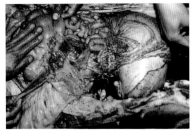

图4-3 大网膜、肠系膜黄染

（图4-4）。慢性中毒猪的肝脏肿大质硬，表面出现灰白色坏死灶（图4-5），肺出血，肺的心叶、间叶表面有灰白色区域（图4-6）。中毒死亡的猪，心内膜有出血斑（图4-7），肾脏和脾脏变化不明显。

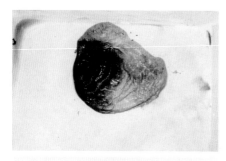

图4-4　胃底黏膜弥漫性出血

图4-5　肝脏肿大、表面有灰白色坏死灶

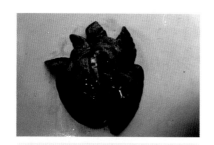

图4-6　肺瘀血、出血，有灰白色坏死灶

图4-7　心内膜有出血斑

【诊断】　发现猪只有可疑症状后，必须了解其病史，并对饲料样品进行检查，可做出初步诊断。确诊必须参考病理剖检变化及饲料中黄曲霉毒素含量测定的结果。目前，霉菌毒素测定的常用方法有胶体金、酶联免疫吸附试验（ELISA）及高效液相色谱（HPLC）。

【防治】　本病尚无特效解毒剂。为防止猪只发生中毒，关键在于预防。更换霉变的饲料，或在饲料中加入霉菌毒素吸附剂，特别是在梅雨季节。对于已经发生中毒而尚未死亡的猪，可使用10%葡萄糖注射液、维生素 B_{12} 和维生素C等药物进行静脉注射。在饲料配方中增加含硫氨基酸（如蛋氨酸）的含量也可帮助动物进行恢复。

【诊治注意事项】　发现病猪有中毒临床表现时，需现场查找可能的致病因，注意与有机磷中毒、阿维菌素中毒的鉴别诊断。

二、猪玉米赤霉烯酮中毒

【病因】 玉米赤霉烯酮是镰刀菌在分生孢子期感染小麦、玉米等谷物后所合成的多种代谢产物之一。玉米赤霉烯酮作为一种类雌激素物质，可导致猪的生殖器官机能和形态上的变化。镰刀菌在谷物中的代谢产物还有烟曲霉毒素和单端孢霉烯族（T-2 毒素、脱氧雪腐镰刀菌烯醇）等毒素。

【临床症状与病变】 玉米赤霉烯酮中毒的小母猪，外阴部肿胀、潮红。在某些养猪场，饲喂严重感染玉米赤霉烯酮的玉米、麸皮等饲料，可导致整个猪群的母猪100%发病，但死亡率很低。外阴部表现明显的肿胀（图4-8和图4-9）、坚实、紧张，向后方明显凸出。外阴部的肿胀有时会波及阴道黏膜的肿胀，因而有的猪发生阴道脱垂（图4-10）。长期暴露在外的阴道黏膜受到外部的摩擦、损伤而发生感染。有的母猪不断努责而发生直肠脱垂。未去势的小母猪群均出现发情症状，已去势的小母猪阴门也与未去势的小母猪表现同样的症状。小母猪乳腺增大这种情况较为少见；小公猪可表现为包皮水肿。较大日龄（4～5月龄）的猪对赤霉烯酮有一定的抵抗力。猪单端孢霉烯族毒素中毒的临床症状为厌食和呕吐，消化不良或腹泻并伴有胃、肠及实质脏器的出血性病变。

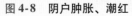

图4-8　阴户肿胀、潮红　　　　图4-9　阴户肿胀

成年母猪玉米赤霉烯酮中毒主要表现为不发情或假发情、直肠或子宫脱垂等症状。妊娠前期的母猪中毒可导致胚胎死亡或流产，妊娠后期母猪中毒可导致产出八字腿的新生仔猪（图4-11）。

图 4-10 外阴肿胀，阴道黏膜脱垂
（W. J. Smith）

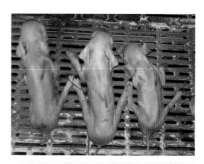

图 4-11 新生仔猪八字腿

【诊断】 根据临床症状，小母猪群同时或先后发生外阴肿胀、潮红，饲料发现粉红色霉变，即可初步诊断为玉米赤霉烯酮中毒，若确诊需对饲料进行玉米赤霉烯酮的测定。目前，霉菌毒素测定的常用方法主要有胶体金、酶联免疫吸附试验（ELISA）及高效液相色谱（HPLC）。

【防治】 严禁使用严重感染镰刀菌的原料做配合饲料，停喂发霉变质的饲料，或在饲料中加入霉菌毒素吸附剂。对已经发生中毒的猪群，应立即更换饲料。对外阴肿胀严重或发生直肠、阴道脱垂的猪，需用 0.1% 高锰酸钾水溶液、2%~4% 明矾水溶液清洗，涂抗生素软膏后还纳整复并固定。

【诊治注意事项】 哺乳仔猪外阴部肿胀、潮红也有可能因为较长的水样腹泻引起，注意现场的鉴别诊断。

三、猪呕吐毒素中毒

【病因】 呕吐毒素又称脱氧雪腐镰孢烯醇，由于它可以引起猪的呕吐而得名。呕吐毒素的产毒菌株适宜在阴凉、潮湿的环境条件下生长。主要污染小麦、大麦、燕麦、玉米等谷类作物。

【临床症状】 猪对呕吐毒素最敏感，尤其是断奶仔猪，所引起典型症状是采食量下降。呕吐毒素能引起猪食欲减退或废绝、呕吐、体重下降、消瘦（图 4-12）、流产、产死胎和弱仔，抑制免疫机能和降低机体抵抗力。

图 4-12　呕吐毒素引起的猪消瘦

【剖检病变】　常见肠道空瘪，胃的贲门部褶皱增多，肝脏肿大及甲状腺萎缩。

【诊断】　根据发病猪的临床症状、饲料的发霉情况可初步诊断，确诊需要对饲料中呕吐毒素含量进行检测。

【防治】　一般而言，呕吐毒素引起的不良反应是短暂的，一旦使用不含呕吐毒素的新鲜饲料，受干扰的机能就会恢复。本病的预防，首先是防止霉菌的产生，而防霉的关键措施在于严格控制饲料和原料的水分含量及控制饲料加工过程中的水分和温度；注意饲料产品的包装、贮存与运输以及防霉剂添加等。在轻微受污染的饲料添加霉菌毒素吸附剂进行脱毒仍是一个比较可行的方法。

【诊治注意事项】　使用吸附法，在霉菌毒素吸附剂的选用上，应认真考虑。因为当前市场上所谓的霉菌毒素吸附剂种类繁多，质量差异很大。吸附剂选用不当，不但起不到吸附霉菌毒素的作用，还会产生副作用。霉菌毒素吸附剂的选用，一般应考虑以下几方面因素：

1）必须具备高吸附能力。

2）选择性吸附，只吸附毒素，不吸附营养物质。

3）无毒副作用。

四、有机磷中毒

【病因】　主要由有机磷农药引起，有机磷农药是有机磷酸酯类化合物，种类很多。常见的有机磷农药有以下几种：

（1）剧毒类　对硫磷（1605）、甲基对硫磷（甲基1605）、内吸磷（1059），此3种现已禁止生产和使用。

（2）强毒类　敌敌畏、甲基内吸磷、乐果、杀螟松等。

（3）**弱毒类** 敌百虫、马拉硫磷等。

有机磷主要抑制猪只体内的胆碱酯酶，胆碱能神经受乙酰胆碱的过度刺激引起神经生理的紊乱，造成中毒。当猪采食喷洒过有机磷农药的蔬菜或其他作物时，或者用敌百虫给猪驱虫用量过大时，或外用敌百虫治疗疥癣等被猪舔食时，都可引起中毒。

【临床症状】 有机磷农药中毒基本上都表现为猪的过度兴奋现象，分为3类症候群：

（1）**毒蕈碱样症状** 使副交感神经节前和节后纤维，以及分布在汗腺的交感神经节后纤维等胆碱能神经发生兴奋。按其程度不同，可具体表现为食欲不振、流涎（图4-13和图4-14）、呕吐、腹痛、出汗、大小便失禁、瞳孔缩小、可视黏膜苍白、眼球震颤等。

图4-13 口流涎，尚能站立

图4-14 中毒时间长，不能站立、流涎、口吐白沫

（2）**烟碱样症状** 由于运动神经末梢和交感神经节前纤维兴奋，表现为肌纤维性挛缩震颤，先从眼睑面部开始，至全身肌肉颤动、痉挛，最终因呼吸肌痉挛，呼吸停止而死亡。

（3）**中枢神经系统症状** 病猪脑组织内的胆碱酯酶受抑制后，使中枢神经细胞之间的兴奋传递发生障碍，造成中枢神经系统的机能紊乱。急性中毒的病猪，表现为兴奋不安、前冲奔跑、转圈、体温升高、抽搐、甚至陷于昏睡等（图4-15）。

有机磷农药中毒的病猪尸体，除其组织样本中可检出毒物和胆碱酯酶的活性降低外，缺少特征性的病变。

图4-15 病猪倒地，四肢抽搐，头向后仰

猪急性中毒发病很快，如在病例中：1头体重17千克的健康猪，误食敌敌畏10毫升，6分钟后口腔大

量流涎，7 分钟猪表现兴奋不安，10 分钟倒地，四肢抽搐，不能站立。立即皮下注射硫酸阿托品 5 毫克，并用小苏打水洗胃而未能抢救成功。从误食敌敌畏到死亡总共 18 分钟。

【剖检病变】 其剖检病理变化为：肺浆膜面和小肠浆膜面有大量出血点（图 4-16 和图 4-17），胃黏膜出血潮红（图 4-18），肠黏膜出血（图 4-19），脾脏边缘出血（图 4-20）。

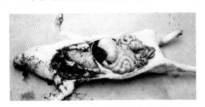

图 4-16 肺和小肠浆膜面出血

图 4-17 肺脏出血

图 4-18 胃黏膜弥漫性出血

图 4-19 小肠黏膜出血

图 4-20 脾脏边缘有点状出血

【诊断】 对呈现有胆碱能神经过度兴奋现象的病例，应仔细调查其与有机磷农药的接触史，同时，亦应测定其胆碱酯酶活性，必要时应采集病料进行毒物鉴定，以确诊。

【防治】 普及和深入宣传有关使用农药和预防家畜中毒的知识。在使用农药驱除猪内外寄生虫时，应在兽医人员指导下进行。中毒猪可用 2%～4% 碳酸氢钠溶液、肥皂水或清水反复洗胃（图 4-21）。

及时应用特效解毒药——阿托品。轻度中毒者，可皮下注射或肌内注

图4-21 中毒猪洗胃时的保定、
开口及插入胃导管的方法

射阿托品 1~5 毫克，30~60 分钟 1 次，每天 2~3 次。中度及重度中毒猪，阿托品用量可增加 2~5 倍，静脉注射，每隔 30 分钟重复注射，待猪的瞳孔开始变大后，可隔 3~5 小时按维持量注射。也可使用胆碱酯酶复活剂，目前使用较广泛的有氯磷定、解磷定、双复磷和双解磷等。

【诊治注意事项】 胆碱酯酶复活剂与阿托品同时应用可发挥协同作用，但阿托品用量宜酌减。对复活剂无效的中毒，主要是以大剂量阿托品治疗为主，且维持时间要长。轻症中毒者，氯磷定按每千克体重给药 5~10 毫克，重度中毒者剂量可加倍，同时对中毒猪静脉注射 5% 葡萄糖氯化钠和维生素 C 等，以促进毒物的排出。注射后 30~60 分钟内，病情尚无好转者，可重复给药，待病情好转后可酌减或停药。

第五章

外科病和产科病

👉 一、猪的腹股沟阴囊疝 👈

猪的阴囊疝，是腹腔内的肠管经腹股沟内环进入总鞘膜内，引起一侧阴囊增大，若两侧腹股沟内环都增大，腹腔内肠管分别经腹股沟内环进入总鞘膜内，可引起两侧的阴囊都增大，在公猪阉割时必须正确处理，否则会引起肠脱垂。

【病因】　公猪的阴囊疝多与遗传有关。母猪妊娠 80～90 天，雄性胎儿的睾丸下降至腹股沟管的下方，妊娠 100 天或更迟一些，睾丸可下降至阴囊内，胎儿出生时睾丸已经发育完全，腹股沟管内环即关闭。若腹股沟管内环过大，就容易发生阴囊疝。常在出生时发生（先天性阴囊疝）或在出生后一段时间内发生（图5-1）。

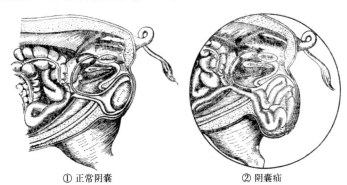

①正常阴囊　　　　　　　　②阴囊疝

图5-1　公猪睾丸阴囊疝

【临床症状】　公猪的阴囊疝可发生于一侧或两侧阴囊，多为可复性阴囊疝（图5-2 和图5-3），随着体位的改变和腹内压的变化阴囊的大小也随之变化，用手压迫阴囊可使阴囊内的肠管进入腹腔，停止压迫后肠管再度进入阴囊内。可复性阴囊疝对猪的生长发育无明显的影响，只有在阴囊内的脏器过多时可影响猪的食欲及发育。若进入阴囊总鞘膜内的肠管不能还纳回腹腔内，而在腹股沟内环处发生箝闭时，可发生全身症状（腹疼，呕吐，食欲废绝），当被箝闭的肠管发生坏死时，发生内毒素性休克而引起猪只死亡（图5-4）。

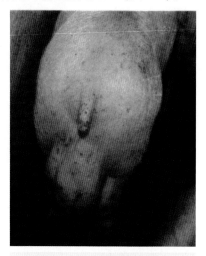

图5-2 公猪右侧阴囊疝
（W. J. Smith）

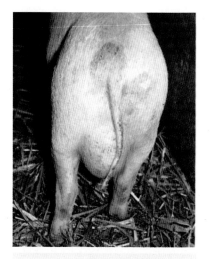

图5-3 公猪左侧阴囊疝
（W. J. Smith）

图5-4 箝闭性阴囊疝：阴囊内肠管已坏死，被箝闭肠管与相邻接的腹腔内肠管充血、瘀血（W. J. Smith）

【诊断】 根据临床症状即可做出诊断。

【治疗】 发生阴囊疝的公猪需要通过手术方法，还纳肠管、闭合总鞘膜管（或缝合内环），并进行阉割术。手术方法有切开鞘膜还纳法和切开腹腔还纳法。

1. 切开鞘膜还纳法

（1）保定 将猪倒吊起来，或由保定人员抓住猪的两后肢使头朝下（图5-5）。

（2）麻醉 术部进行局部浸润麻醉。

（3）切口定位与手术方法

1）于倒数第一对乳头外上方的皮下环处作1个4～6厘米与鞘膜管平行的皮肤切口，分离腹外斜肌、筋膜，显露总鞘膜管，然后在鞘膜管上剪一小口，从切口内伸入手指，将肠管经腹股沟内环向腹腔内推送（图5-6），直至将所有进入鞘膜腔内的肠管全部还纳回腹腔内。

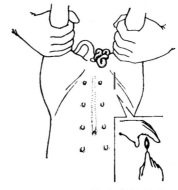

图5-5 猪阴囊疝的保定方法与切口定位

2）闭合鞘膜管。将切口内的鞘膜管向内环处分离，在靠近内环处用缝线结扎鞘膜管，对鞘膜管在靠近内环处进行束状结扎，然后缝合皮肤切口（图5-7）。皮肤切口结节缝合，用2%的碘酊消毒后，解除对猪的保定。

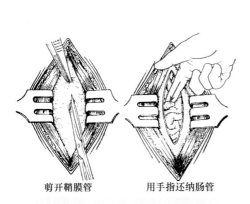

剪开鞘膜管　　　用手指还纳肠管

图5-6 猪阴囊疝的手术整复

图5-7 对鞘膜管在靠近内环处进行束状结扎，然后缝合皮肤切口

（4）术后护理 术后3天内给予少量的流质饲料，3天后即可正常饲

喂，手术后不必使用抗生素，但应注意圈舍的环境卫生，防止切口的污染。

2. 切开腹腔还纳法

（1）切开腹壁，还纳脱垂肠管 手术切口位于肠脱垂侧倒数第 2 对乳头外侧 3~4 厘米处，平行腹白线做 1 个 5~6 厘米的切口，切开腹壁，手指伸入腹腔，从内环处将阴囊鞘膜内的肠管引入腹腔内。

（2）缝合内环和腹壁切口 用弯圆针于腹腔内对内环间断缝合 2~3 针，腹壁切口进行全层间断缝合。

（3）术后护理 方法同切开鞘膜还纳法。

二、脐 疝

　　猪的脐孔在胎儿生出后未完全闭合，以致腹腔内脏经未闭合的脐孔漏于皮下，形成小如核桃、大如垒球的囊状物。

【病因】 本病多为先天性，多为脐孔发育不全、没有闭锁，或因脐部化脓而造成。也可因不正确的断脐，腹壁脐孔闭合不全，再加上仔猪的强烈努责或用力跳跃等原因，促使腹内压增加，肠管容易通过脐孔而漏入皮下，形成脐疝。

【临床症状】 脐部呈现局限性球形肿胀，质地柔软，无热无痛，当猪的体位改变或用手按压脐疝部，则疝囊变小，疝囊内肠管可还纳入腹腔内，此类疝为可复性疝（图5-8）。有的疝囊内容物与疝囊粘连，人为地还纳疝囊内容物时无法完全还纳，此为粘连性疝（图5-9）。若疝囊内容物在脐孔（疝轮）处发生箝闭，此时猪表现腹痛、呕吐、心跳加快，全身情况很快恶化，如不及时手术治疗，多因箝闭处肠管坏死导致内毒素休克死亡。

图5-8 可复性脐疝（W. J. Smith）

图5-9 粘连性脐疝。猪头朝下悬吊保定后，脐疝囊大小不变（W. J. Smith）

【诊断与治疗】 手术方法是针对本病的根治方法。

（1）保定与麻醉 对猪只采用仰卧保定，局部用0.25%~0.5%盐酸利多卡因浸润麻醉。

（2）手术方法

1）沿脐疝顶部作一直线形皮肤切口，切口长度以能向四周翻转皮瓣显露疝轮为宜（图5-10）。皮肤切开后继续切开皮下结缔组织囊壁，为防止损伤囊内肠管，可用皱襞切开法（图5-11）。用手指伸入囊内探查肠管与囊壁的粘连情况（图5-12和图5-13）。在非粘连性疝（可复性疝），用剪刀剪开结缔组织囊壁（图5-14），显露疝囊内肠管和疝轮（图5-15）。

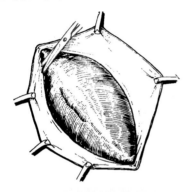

图5-10 切开脐疝的皮肤囊，将皮瓣向四周翻转，显露结缔组织囊壁

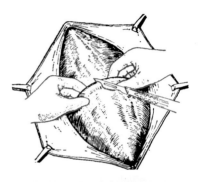

图5-11 皱襞法切开结缔组织囊壁

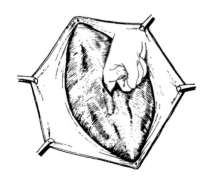

图5-12 手指伸入囊内探查肠管与囊壁的粘连情况

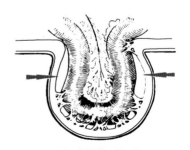

图5-13 囊内肠管与疝囊的粘连，箭头所示为非粘连部位，切口应在非粘连处

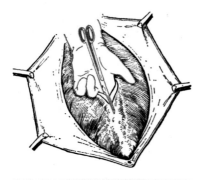

图 5-14　用剪刀剪开结缔组织囊壁

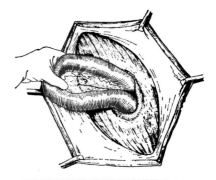

图 5-15　显露肠管和增生肥厚的疝轮

2）疝轮的缝合是疝修补术的成败关键。脐疝疝轮已经纤维化、斑痕化，肥厚而硬固。在闭合疝轮之前，先将肠管还纳回腹腔内，再作间断水平纽扣缝合（图 5-16）。水平纽扣缝合完毕后，用手术刀切除疝轮边缘肥厚部分，使之形成新鲜创面（图 5-17），切除完毕后，对新鲜的疝轮创缘进行结节缝合（图 5-18）。

3）修整结缔组织囊和皮肤囊。将过多的结缔组织囊和皮肤囊拎起后，对合起来，判断切除的范围。将过多的部分切除后，对结缔组织囊和皮肤囊分别进行结节缝合。外打结系绷带。

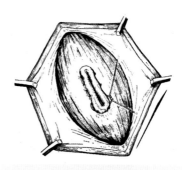

图 5-16　还纳肠管，疝轮作水平
纽扣缝合

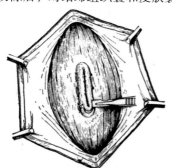

图 5-17　切除疝轮增生的
斑痕组织

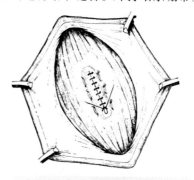

图 5-18　新鲜的疝轮创缘
进行结节缝合

（3）术后护理 术后猪只不宜饲喂过饱，限制剧烈活动，防止腹压过高。注意猪舍清洁卫生，防止术部感染。10～11 天拆线。

三、猪直肠脱垂

直肠黏膜或直肠壁全层脱垂于肛门之外，称为直肠脱垂。本病常发生于体重为 10～90 千克的猪只。

【病因】 发生直肠脱垂的主要原因是直肠先天性发育不全，如直肠周围结缔组织松弛、盆筋膜软弱、肛门括约肌和提肛肌无力；直肠炎；尿道炎；尿道阻塞引起的努责；过食、便秘及难产时的强烈努责等。

【临床症状】 直肠脱垂在临床上分为 3 种类型：脱肛（即直肠黏膜脱垂）、直肠全层脱垂（图 5-19 和图 5-20）和直肠及结肠全层脱垂（图 5-21）。脱垂的直肠长时间内不能复位，直肠黏膜受到尾巴及外界异物的刺激，很快出现水肿。若仅仅在肛门外出现浅红色圆球形，则为脱肛。若脱垂的部分呈圆筒状下垂，称为直肠全层脱垂。脱垂的肠管被肛门括约肌箝压，导致血液循环障碍，使水肿加重，又因受到外界的污染，肠管表面污秽不洁，沾有泥土和草屑，时间久了，黏膜发生糜烂、坏死。

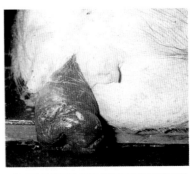

图 5-19 产后母猪直肠全层脱垂（W. J. Smith）

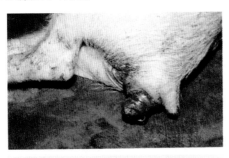

图 5-20 一只体重为 10 千克的猪直肠全层脱垂，直肠黏膜上有少量伪膜（W. J. Smith）

图 5-21 由于猪尿道结石诱发的直肠脱垂（W. J. Smith）

【诊断】 可根据临床症状做出诊断。单纯性的直肠脱垂，呈圆筒状肿胀，脱出部分向下弯曲、下垂，手指不能沿脱垂的直肠和肛门之间向骨盆方向插入；当伴有肠套叠时，脱垂的肠管由于受肠系膜牵引，而使脱垂的圆筒状肿胀向上弯曲，坚硬而厚，手指可沿直肠和肛门之间向骨盆腔方向插入。

【治疗】 首先消除引起直肠脱垂的病因，如治疗便秘、下痢、充分饮水等。根据直肠脱垂的病理状态，采取不同的治疗方法。目前临床常用的治疗方法有：肛门环缩术、脱垂黏膜环切术、直肠脱垂部分切除术以及脱垂直肠全切除术。

1. 肛门环缩术

（1）适应症 适用于肛门收缩无力或肛门呈松弛状态的直肠脱垂。

（2）保定与麻醉 对猪只采用倒吊式保定或侧卧保定。后海穴内注射0.5%盐酸利多卡因20～30毫升以麻醉直肠后神经，减少直肠的努责与收缩。

（3）手术方法

1）首先用2%明矾溶液，或0.1%高锰酸钾溶液洗净脱垂直肠黏膜上的污物，除去坏死的黏膜，然后涂土霉素软膏后，将脱垂直肠还纳回正常位置。为防止再次脱垂，采用以下缝合方法。

2）用弯三角针系10号缝合线，线端穿上一青霉素瓶胶塞，缝线在距肛缘1.5～2厘米的6点钟处刺入皮下，缝针经皮下于3点钟处穿出（图5-22），缝针再系上第二个胶塞。系第二个胶塞的方法是：针从胶塞的外面进针、里面出针，并将胶塞推至3点钟处与肛缘皮肤密接，缝针于2～3点钟之间的皮肤外进针（图5-23），经皮下于12点钟处穿出。缝针按上述方法再系上另一个胶塞。在9点钟处同样处理，至6点钟处从胶塞内进针、胶塞外出针。将绕肛门一周的缝线系好，逐渐拉紧6点钟处的两根线端，使肛门缩小（图5-24），并打活结。肛门缩小的程度以不影响猪排便为宜。在小猪可仅容纳插入

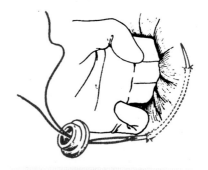

图5-22 缝针在6点钟刺入，
3点钟处穿出

1～1.5个手指，即使猪仍有努责动作，也不能使直肠再度脱垂。

图 5-23　缝针在 3 点钟处穿出后，
系上第二个胶塞，然后在
2~3 点钟之间处进针

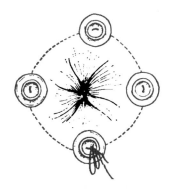

图 5-24　肛门环缩术完成

（4）**术后护理**　术后注意猪排便是否通畅，如排便困难，可将缝合线适当放松。

2. 脱垂黏膜环切术

（1）**适应症**　脱垂的仅为直肠黏膜，并有严重水肿及坏死的病例。

（2）**保定与麻醉**　方法同肛门环缩术。

（3）**手术方法**　脱垂的直肠黏膜用 0.1% 新洁尔灭液清洗和消毒后，在距肛缘约 2 厘米处环形切开黏膜层，深达黏膜下层，但不要切到肌肉层（图 5-25 和图 5-26）。将发生水肿或坏死的黏膜层向下翻转，作钝

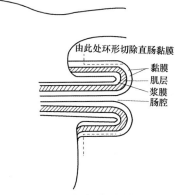

图 5-25　直肠黏膜环切术
模式图

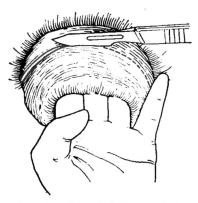

图 5-26　在脱垂基部环形切开
黏膜层，深达黏膜下层

性剥离，直到脱垂部的顶端为止（图5-27）。用手术剪将翻转下来的黏膜层全部剪除（图5-28），在其下面的直肠肌层即行松弛。然后将脱垂部的顶端黏膜层边缘与肛门缘处的黏膜层边缘对合，用肠线作结节缝合（图5-29）。最后将脱垂的直肠还纳回肛门内，立即作肛门环缩术，以防止再度脱垂。

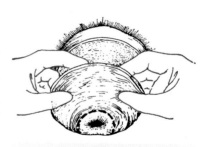

图5-27 向下剥离、翻转黏膜层

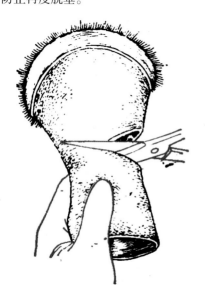

图5-28 剪断已向下翻转的黏膜层

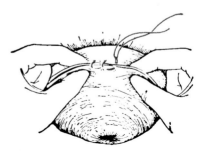

图5-29 将脱垂部的顶端黏膜缘与肛门侧黏膜边缘对合，作间断缝合

（4）术后护理 术后使用抗生素3天，减少饲喂量，减少粗料，防止便秘。

3. 直肠脱垂部分切除术

（1）适应症 当脱垂的直肠黏膜严重水肿不能复位或已有坏死、穿孔的病例。

（2）保定与麻醉 方法同肛门环缩术。

（3）手术方法

1）插入固定钢针，环形切开外层肠壁。在距肛缘2厘米处十字交叉插入钢针，固定脱垂肠管，防止切除后直肠断端退缩到肛门内。环形切开脱垂肠管外层肠壁（前壁）。如脱垂肠管较长，则已切开直肠荐骨凹陷和直肠膀胱（生殖）凹陷的腹褶与腹腔相通。若凹陷中有小肠嵌入，应将小肠还纳回腹腔。若脱垂的直肠较短，仅仅切入内、外脱垂直肠间隙，此间隙属直肠腹膜外部直肠周围间隙，尚未进入腹腔。

2）切开外层肠壁，结扎出血点。向下翻转外层肠壁，从外层肠壁环形切口的创缘向下，作一与环形切口相垂直的纵切口，使相交成T字形，以利于外层病变肠管向下翻转展直（图5-30和图5-31）。

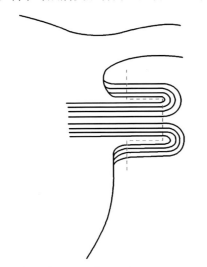 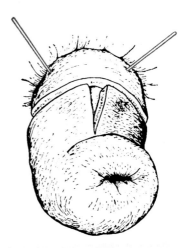

图5-30　直肠脱垂部分切除术的
　　　　肠壁范围

图5-31　插入固定钢针，环形切开
　　　　外层肠壁，并在环形切口缘的
　　　　下侧作一纵切口，使之与
　　　　环形切口呈"T"字形

3）切除病变的内层肠壁。在病变与健康肠管移行部位的健康肠段上切除病变内层肠壁（图5-32），立即将直肠前、后两环形创缘对合整齐，分次作浆膜肌层间断缝合与全层间断缝合（图5-33），相距0.5厘米左右。缝合完毕，抽出钢针，将直肠还纳回肛门内并使其展平。

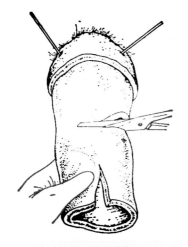

图 5-32　切除内层肠壁的病变肠管

图 5-33　直肠脱垂部分切除后缝合完毕（浆膜肌层间断缝合和全层间断缝合）

（4）**术后护理**　术后 3 天内给猪只供给流质饲料，使用抗生素 3 天以控制感染。防止直肠内蓄粪，可用手指检查直肠，直肠肛门处可用 20% 硫酸镁溶液湿敷，以促进水肿消退。

4. 脱垂直肠全切除术

（1）**适应症**　脱垂的直肠已发生肠套叠，并形成粘连，且不能还纳者或已有坏死的病例。

（2）**保定与麻醉**　方法同肛门环缩术。

（3）**手术方法**

1）插入固定钢针，切开外层肠壁（图 5-34）

2）边切断外层肠壁，边间断缝合内外两层肠壁的浆膜肌层，直至全部切断外层肠壁并完成内外肠壁的浆膜肌层间断缝合（图 5-35）。

3）切断内层肠壁，全层间断缝合内、外层肠壁的环形断缘。在内层肠壁浆膜肌层间断缝合处的下方，边切断内层肠壁，边作内、外肠壁全层断缘的间断缝合（图 5-36 和图 5-37），进针与出针点距两层肠壁断缘为 0.3～0.4 厘米，不能缝合太多，以免肠管狭窄。

4）还纳肠管，并用手指逐渐将缝合好的直肠还纳回肛门内，完成手术（图 5-38）。

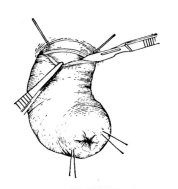

图5-34 插入固定钢针，
切开外层肠壁

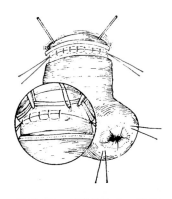

图5-35 间断缝合内、外层
肠壁的浆膜肌层

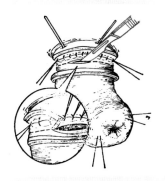

图5-36 边切断内层肠壁，边作
内、外两层肠壁的全层间断缝合

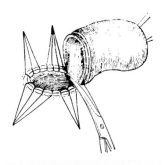

图5-37 全部切除内层肠壁
并继续缝合完毕

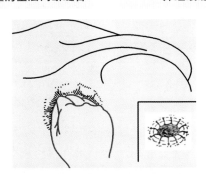

图5-38 还纳缝合部，手指
深入肛门内展平肠管

四、子宫脱垂

子宫脱垂是指子宫角向外翻转并脱垂于阴门之外。本病多发生于分娩之后，子宫颈尚未缩小的一段时间。

【病因】 猪只运动不足，羊水过多，胎儿过大和多次妊娠，致使子宫肌收缩无力和子宫过度伸张导致的子宫弛缓是其主要原因。其次，母猪分娩时的强烈努责，以及便秘、腹泻、腹痛等使腹压增大，是其诱因。

【临床症状】 大多发生在母猪分娩之后不久，只有呈不规则的长圆形子宫脱垂在阴门之外，粉红色，黏膜呈绒状，且有横向的皱襞。当脱出的子宫黏膜受到外界异物的刺激和摩擦时，出现肿胀、渗出、出血、结痂、干裂及糜烂等症状。若不及时整复，很容易因低血容量性休克或内毒素休克而导致其死亡（图5-39～图5-41）。

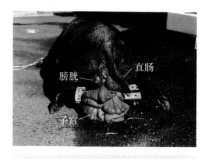

图5-39 2岁龄母猪发生子宫脱垂，伴发膀胱和直肠脱垂（Crown）

图5-40 3岁龄母猪产后子宫脱垂（W. J. Smith）

图5-41 成年母猪子宫完全脱垂（W. J. Smith）

【诊断】 根据临床症状即可做出诊断。

【治疗】 首先整复，并配合药物治疗。但当子宫严重损伤坏死及穿孔而不宜整复时，应实施子宫切除术。现将整复方法介绍如下：

（1）保定 将母猪保定在前低后高的台面上。

（2）清洗 用温生理盐水清洗脱垂的子宫，除去异物、血凝块后用生理盐水纱布包裹以减少其摩擦和渗出。

（3）**还纳** 子宫壁内注射垂体后叶素，以促进子宫的收缩，然后进行子宫还纳。

（4）**还纳子宫方法**

1）助手用纱布托起子宫角，术者在子宫角端用手将子宫角推入阴道内，助手与术者配合，防止已还纳回阴道内的子宫角再度脱垂。同法处理另一子宫角，逐渐将脱垂的子宫全部送回骨盆腔内。

2）从子宫基部开始，术者用手从子宫基部两侧挤压子宫并推送靠近阴门的子宫部分，一部分一部分地推送，直至将脱垂的子宫全部送回骨盆腔内。在还纳全部子宫后，将手臂经阴道伸入，进一步展平子宫并防止再脱垂。

整复后为防止感染，可注射抗生素类药物。为防止子宫再脱垂，可将阴门进行水平纽扣缝合，以缩小阴门裂，并灌服加味补中益气汤：黄芪60克、党参30克、甘草12克、陈皮15克、白术30克、当归21克、升麻15克、柴胡30克、生姜12克、熟地9克、大枣3个为引，每天1剂，连服3天。

第六章

其他病症

一、母猪产后泌乳障碍综合征

【病因】　多发于母猪分娩后 3 天以内，以乳汁的生成障碍、泌乳全部或部分停止为主要特征的一种综合征，常伴发乳腺炎、子宫炎、泌乳衰竭等。引起本病的原因很多：初产母猪生产时过于兴奋、紧张、恐惧、烦躁或因在泌乳期受到惊吓等强烈刺激，使母猪的泌乳机能受到了抑制，导致母猪发生心理性无乳症；后备母猪配种过早，乳腺发育不全；母猪年老体衰，胎次过高，乳腺机能衰退；母猪本身存在瞎乳头等不良乳头；饲喂不当，母猪过肥导致乳腺积累过多脂肪，抑制乳腺腺泡的发育；母猪过瘦，营养供给不足或长期饲喂营养价值不全或日粮配制不合理的饲料，特别是低能低蛋白饲料，或饲料中缺乏某些微量元素、维生素（如维生素 E）、氨基酸（如赖氨酸）等；饲喂发霉饲料、突然变换饲料、供水不足。母猪分娩前后及哺乳期间注射应激反应大的疫苗或分娩舍长时间噪声过大。乳腺炎及乳房水肿；急性子宫炎导致母猪泌乳障碍；母猪发病不食发生泌乳障碍；天气过热，母猪采食量低是多数猪场夏季母猪奶水不好的主要原因。

【临床症状】　表现厌食、精神萎靡、体温稍升高或正常、伴随便秘。乳房发炎肿胀（图 6-1 和图 6-2）、疼痛，或萎缩、干瘪（图 6-3）。拒绝哺乳。母猪发病后，不食或采食量低，乳房无乳及泌

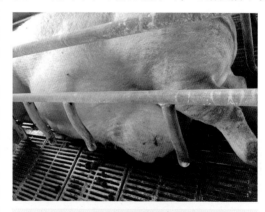

图 6-1　妊娠后期母猪的乳房肿胀

乳不足，引起仔猪饥饿、消瘦、营养不良，致使哺乳仔猪下痢，发病率和死亡率升高。

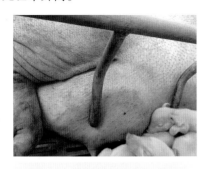 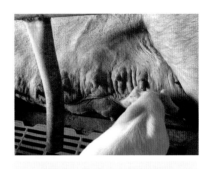

图6-2　分娩后第二天的哺乳　　　　图6-3　哺乳母猪乳房干瘪
　　　　母猪乳房肿胀

【防治】　将妊娠母猪提前一周赶到严格消毒过的产房，让母猪适应环境，保持产房安静，避免母猪受到惊吓。在母猪分娩前1~2天及分娩后3天内，用0.1%高锰酸钾溶液或其他消毒药水清洗乳房、腹侧和臀部。母猪分娩当天及第二天可多喂青绿饲料，产后第三天再逐渐增加配合全价日粮至常量，确保饲料的新鲜。在夏季，做好防暑降温工作，确保母猪正常采食。

生产中应注意把握母猪的初配年龄并有计划地淘汰7胎（包含7胎）以上的高胎龄母猪。选留后备母猪时选择左右乳头对称、发育良好且至少有6对以上。加强夏季猪舍尤其是产房的防暑降温工作，确保哺乳母猪的采食量。注意妊娠母猪尤其是一胎母猪妊娠70~90天的饲喂量的控制，避免乳腺沉积过多脂肪，控制母猪产前膘情尤其过肥母猪，防止因肥胖而影响产后泌乳性能。加强对影响母猪泌乳性能疾病的控制，如猪繁殖与呼吸综合征。

二、种猪肢蹄病

【病因】　种猪肢蹄病是种猪四肢和四蹄疾病的总称。是导致现代集约化养猪场种猪淘汰的重要原因之一。规模化养猪场采用限位栏、高床饲养，由于猪的运动受到限制，致使肢蹄病发生增多。在种猪的日常管理中如转栏、种猪出售时途经粗劣路面、跨越沟壑或受漏缝地板的钳夹等原因，造成肢蹄外伤。饲料中矿物质和微量元素过低或比例不平衡（如后备公猪的钙、磷比例失衡），导致肢蹄病的发生，而日粮中锰过量，损伤猪的胃肠功能，引起钙磷利用率降低，引发"软骨症""佝偻病"。生物素的缺乏，可造成母猪后腿痉挛，蹄开裂。饲料中添加霉菌毒素吸附剂（如硅酸盐类）易吸附大量矿物质和维生素，导致营养缺失，引起蹄裂。种猪发生葡萄球菌、链球菌、布氏杆菌、口蹄疫等疾病引起跛行。猪舍阴暗、潮湿、寒冷，猪只运动不足，致使猪四肢关节及周围肌肉发生炎症、萎缩、疼痛，表现跛行。因地板、圈栏原因以及某些营养成分缺乏而引起蹄甲增生，导致猪只行走不便甚至引起肢蹄损伤。遗传因素导致的种猪O型腿和X型腿等。

【临床症状】　种猪步态、姿势和站立不正常，四肢支持身体困难、跛行、不敢站立。表现为传染性关节炎的关节（多见跗关节、膝关节）肿大、跛行。关节钝挫或扭转的外伤性跛行，或蹄壳被漏缝地板的漏缝夹伤（图6-4和图6-5）。由于蹄裂（图6-6和图6-7）引起轻度跛行，重者出血、躺卧不起，蹄冠部皮肤、脚掌增生粗糙开裂，有不同程度皲裂（图6-8和图6-9）。发生腐蹄病，蹄内皮肤和软组织发生腐败、恶臭，也有的表现为蹄腐烂、趾间腐烂或蹄壳脱落，由于剧烈疼痛而出现跛行，病猪喜卧，不愿起立，强令站立时患肢不敢着地。四肢关节及周围肌肉发生炎症、萎缩。患有O型腿和X型腿的病猪走路无力、没有弹性。

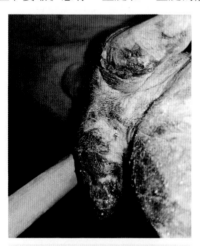

图6-4　蹄壳被漏缝地板的漏缝夹伤引起脱壳受伤

图6-5　被漏缝地板的漏缝夹住的蹄匣

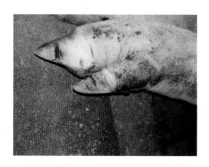

图6-6　横向裂蹄

图6-7　纵向裂蹄

图6-8　脚掌粗糙裂开

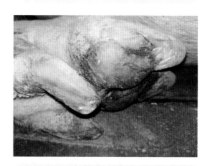

图6-9　脚掌增生、开裂

【防治】　坚实、平坦、不硬、不滑、温暖、干燥、不积水（坡度以3~5度为宜）、易于清扫和消毒的地面是种猪肢蹄防护的基础。及时清除地面残留的易腐蚀蹄壳的消毒液。淘汰有遗传缺陷的种猪，降低不良基因的频率。选择四肢强壮，高矮、粗细适中，站立姿势良好，无肢蹄病的公、母猪作种用。强化种猪的饲养与管理，加强运动，多晒太阳，增强种猪的四肢支撑能力，可以降低本病的发生率。保证日粮中氨基酸平衡，合理的维生素及矿物元素，适当的钙、磷比例。注意添加锌、硒制剂，并注意饲料生产过程中逐级预混，确保混合均匀，严格控制砷制剂的添加。加强猪舍的环境卫生管理，保持猪舍清洁、干燥。在栏舍用强酸、强碱、强氧化性消毒剂消毒后，应彻底清洗干净，待干燥后转入猪只。经常检查猪的蹄壳，特别是秋、冬季，天气转冷时，尤其是高龄母猪，发现肢蹄过于干燥，应隔3~5天涂抹1次凡士林、鱼石脂或植物油，以保护蹄壳。

对已经发生肢蹄病的猪，没有特效的治疗方法，只有根据发病原因，辅助治疗。由潮湿、寒冷、运动不足等诱因引起的风湿，可用2.5%醋酸可的松肌内注射，或用醋酸波尼松龙关节注射。

肢蹄的钝性挫伤，局部皮肤无伤口可将患部剪毛后消毒，用生理盐水冲洗患部，再涂抹上鱼石脂软膏。

对裂蹄症，应补锌和生物素。在每吨饲料加入100~200克硫酸锌和适量生物素，用1%硫酸锌凡士林涂擦蹄部，每天1~2次在蹄壳涂抹鱼肝油或鱼石脂，可滋润蹄部，促进愈合。治愈后的种猪应在每吨日粮中加入30~50克硫酸锌，可预防本病的发生。若有炎症可先清除病蹄中的化脓组织或异物，然后进行局部消毒，用青霉素、链霉素消炎。

对于腐蹄病，疼痛剧烈时，可肌内注射阿尼利定+青霉素+链霉素，或0.25%~0.5%普鲁卡因+青霉素做患肢的环状封闭等。对肢蹄病严重、无治疗价值的病猪建议及时淘汰。

对于蹄甲增生现象，建议猪场将蹄部修剪纳入生产管理项目，利用常规修剪来预防母猪肢蹄问题，比治疗肢蹄问题方便、实际得多。

三、母猪子宫内膜炎及产道炎症

【病因】 母猪子宫内膜炎及产道炎症为子宫和产道黏膜发生脓性或者黏液性炎症变化，是繁殖母猪常见的病症之一，引起的原因很多：

1）病原微生物感染。病原微生物是子宫内膜炎发生的主要诱因，此类病原微生物，多数为环境中的非特异性病原微生物，如葡萄球菌、链球菌、大肠杆菌等，还有部分特异性的病原微生物，如布氏杆菌、沙门氏菌、绿脓杆菌等。

2）饲养管理不到位。饲养过程中，如果母猪长期食用霉变饲料或饲料中矿物质、维生素和营养物质缺乏，或者矿物质元素的添加比例不当，都会直接影响到母猪的抵抗力，形成子宫内膜炎。尤其是缺乏硒、维生素A和维生素E等，会导致母猪发生子宫内膜炎。

3）生产操作不规范。在人工授精过程中，操作过程不严谨，输精器损伤子宫内膜、输精次数过于频繁、输精器械消毒不严格不彻底、外阴消毒不严格。在检查母猪生殖器官或助产时，若未严格或彻底消毒手臂、器械等，均可导致病原微生物侵入子宫及产道，诱发炎症。

4）环境卫生管理不善。母猪生产期间，卧地被粪便污染、产房卫生管理不善、舍内潮湿阴冷、产前消毒不严等，也可诱发此病。

5）分娩生产过程中难产、产程过长、阴道脱垂、子宫脱垂、子宫迟缓、胎衣不下，流产等，也可导致子宫内膜及产道炎症的发生。

【临床症状】 在临床上可将子宫内膜炎分为急性、慢性和隐性3种类型。

（1）急性子宫内膜炎 母猪产后或流产后极易发生急性子宫内膜炎。主要症状是体温升高达41℃以上，食欲明显减退，鼻镜干燥同时呼吸加快，阴道内排出红褐色或灰白色或灰黄色黏液或脓性分泌物（图6-10），臭味较大，分泌物中偶见胎衣碎片。此外，还会影响到乳房，导致无乳，甚至发生乳腺炎。

（2）慢性子宫内膜炎 主要是由急性型治疗不及时而转变形成的，是母猪子宫内膜炎的常见症型。母猪的采食和饮水无异常，全身症状不明显，但可见周期性的从阴道内排出恶臭味的黄色、白色或浅灰色的脓性分泌物（图6-11和图6-12），尤其在母猪发情子宫颈口开张时流出量较多。母猪发情不正常，屡配不孕，有时也易发生早期流产现象。

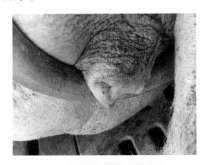

图6-10 母猪急性子宫内膜炎，排出脓性分泌物

图6-11 发情或返情时，流出白色或浅灰色脓性分泌物

（3）隐性子宫内膜炎 母猪患隐性子宫内膜炎之后，会表现出时好时坏的精神状态，食欲亦如此，但并没有典型的临床症状。每次发情时，母猪都会出现异常，或者发情时间不规律。交配过程中大多数的母猪都不愿意配种，同时发出大声鸣叫，屡配不孕，对子宫进行清洗时会出现少量浑浊的液体。产道炎症表现为产道不定时地排出灰白色或灰黄色黏液或脓性分泌物（图6-13）。

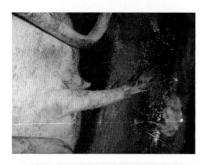

图 6-12　母猪返情时流出　　　　　　图 6-13　妊娠母猪产道流出
　　　　　脓性分泌物　　　　　　　　　　　　　脓性分泌物

【防治】

1）科学饲养。保持栏舍干净、卫生，降低夏季热应激对母猪的伤害，控制母猪便秘的发生，确保母猪分娩有力。

2）在人工授精和助产时做好消毒、消炎工作，正确接产，避免没必要的人工助产以防人为损伤生殖道。

3）做好猪瘟、PRRSV、猪细小病毒和猪乙型脑炎病毒等疫苗的免疫接种。为母猪提供全面营养的没有霉变的饲料。

4）在母猪分娩过程中静脉滴注生理盐水、维生素 C、鱼腥草注射液、青霉素和链霉素等，母猪分娩前后用消毒水对母猪的外阴、乳房进行消毒，可以预防母猪子宫内膜炎的发生。

5）在治疗上，对于比较严重的急性子宫内膜炎病例，除了进行全身抗感染处理外，还要对子宫进行冲洗。建议猪场将患有严重子宫内膜炎母猪予以淘汰。

四、猪抖抖病

【病因】　抖抖病又称先天性震颤，多见于非典型猪瘟、瘟病毒和 PCV2 等早期感染，以及妊娠母猪霉菌毒素和有机磷中毒，另外，长白猪遗传性多发。

【流行特点】　仔猪刚出生即发病，近年来在我国许多猪场，尤其是中小型猪场多发，严重时几乎整窝仔猪发病。

【临床症状】　主要临床症状是初生仔猪不同程度地震颤，以头部和四肢最为明显，安静时症状减轻，运动和兴奋时严重（视频 6-1）。震颤可能持续数周或数月。

【诊断】 根据流行病学特点、发病史以及病原学进行综合诊断，发病猪场往往存在猪瘟病毒、瘟病毒或PCV2感染，或者存在母猪霉菌毒素和有机磷中毒的情况。另外，在生产中对母猪使用不合格的猪瘟疫苗，或超大剂量地使用猪瘟疫苗可导致本病的发生。

视频6-1 初生
仔猪震颤

【防治】 消除引发抖抖病的原因，帮助吮吸有力的抖抖猪喝到足够的初乳，一般预后良好，断奶后经过一段时间，震颤症状可消失。

【诊治注意事项】 导致本病发生的原因较多，其中以非典型猪瘟和PCV2感染多见，在诊断时首先应该考虑二者因素，其次应该考虑遗传性因素以及母猪妊娠后期是否存在敌百虫类药物中毒及霉菌毒素中毒的情况。

五、咬　癖

【病因】 发病的因素很多，最常见的病因为饲养密度过大，饲槽缺乏，昼夜温差大，以稻草或麦秸为垫料的猪群易发生咬耳症，未进行断尾的猪易发生咬尾症。还可能与饲料中缺乏微量元素有关，也有人提出可能与体外寄生虫叮咬有关。

【临床症状】 在同一个圈舍内，猪只相互之间咬尾或相互咬耳，造成猪的皮肤形成咬伤、出血与感染。有的将尾尖咬下，一旦尾巴出血，很多猪都追赶着咬被咬破的猪尾，甚至将整个尾巴咬下。

咬耳症可导致耳背、耳尖大面积被撕裂，并伴发出血、感染、化脓等症状（图6-14～图6-17）。

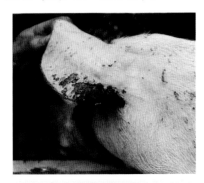

图6-14 4周龄仔猪耳基部被咬伤
（W. J. Smith）

图6-15 以稻草为垫料的14周龄断奶
仔猪耳朵被严重咬伤（W. J. Smith）

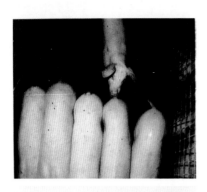

图6-16　正在发生的猪只咬尾
（W. J. Smith）

图6-17　两头抢槽失败的断奶仔猪
在攻击前面一头在饲槽旁的猪，
咬其尾和臀部（W. J. Smith）

【诊断】　根据临床症状即可做出诊断。

【防治】　应针对咬耳、咬尾的病因去预防，如降低饲养密度、清除垫草、饲料中增加微量元素、定期驱除猪体内外的寄生虫等措施。对行为异常形成恶癖的猪可给予镇静剂。对被咬伤的猪只隔离饲养，并进行创伤处理。

第七章

病猪剖检操作规程和临床样品采集

一、病猪剖检操作规程

1. 解剖前准备

解剖用具及物品	解剖时间和地点
• 手术刀柄、手术刀片、手术锯、解剖刀、手术剪、骨剪、手术镊 • 消毒液、肥皂 • 乳胶手套、防护服 注：解剖工具在使用前须消毒	• 病死猪最好马上剖检，不要长时间放置，以免腐败影响器官病理变化的观察和判断；也可以将濒死猪安乐死剖检 • 解剖最好在兽医解剖室进行，没有条件的也要远离猪舍，不能在猪舍里或门口就地解剖 • 解剖过程要做好人员的个人防护，戴手套、口罩，穿防护服

2. 体表检查

基本顺序是从全身到局部，由头部至尾部，依次检查头、颈、胸、腹、四肢、背、尾和外生殖器，通常包括以下4个部分（图7-1~图7-5，

图7-1　猪皮肤检查

视频 7-1 ~ 视频 7-3)：

　　① 检查并记录猪的性别、年龄、毛色、品种、用途以及营养状况。

图 7-2　猪口腔、鼻、眼部检查

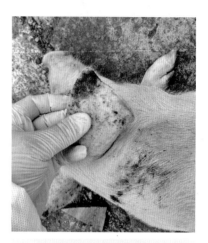

图 7-3　猪耳部检查

图 7-4　猪四肢关节检查

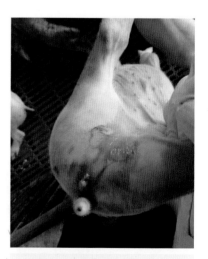

图 7-5　猪尾部、肛门、外生殖器检查

视频 7-1 观察体表   视频 7-2 观察   视频 7-3 观察
皮肤的变化   鼻的变化   眼的变化

② 检查皮肤。首先检查皮肤有无脱毛、创伤、湿疹、疱疹、瘀血、出血以及寄生虫等，然后检查皮肤的厚度、硬度、弹性以及被毛有无光泽，皮下有无气肿、水肿。气肿时，用力触压有捻发音；水肿时，触摸皮肤时可有波动感。

③ 检查天然孔（口、眼、鼻、耳、肛门和外生殖器）和可视黏膜。应注意黏膜有无出血、溃疡、水疱、瘢痕以及颜色的变化。黏膜黄染，可能是黄疸，提示在内脏检查时要注意肝脏、胆囊、胆管以及血液寄生虫的检查；黏膜苍白是内脏出血以及贫血的标志之一；黏膜发绀是由缺氧、呼吸系统和心、血管系统功能不全引起。天然孔的检查，应注意有无分泌物、排泄物的性状和颜色，以及口腔中舌、牙齿、齿龈及口腔黏膜状况等。

④ 检查颈、胸、腹、脊椎、四肢、尾等情况。蹄、趾间部位是否有水疱、脱落、出血、异常增长。观察关节的活动状态及异常，四肢有无骨折等病变。观察肛门和外生殖器，注意有无发育障碍、粪便污染及粪便颜色和尾巴状态。

3. 解剖操作步骤

（1）首先将待解剖猪的耳标或者耳号剪下放在托盘内 如果缺少耳标或耳号，可以用特征性标识记录该猪只。

（2）前后肢与关节的分离及视检 猪尸体取背侧卧位（仰卧位），一般先从猪前肢两侧腋下开始，沿肩胛骨前缘切断臂头肌和颈斜方肌，然后在肩胛软骨后缘切断胸背阔肌以及腋下神经血管、菱形肌等；后肢从两侧腹股沟至会阴处切开皮肤，在股骨大转子处圆切臀肌及股后肌群，由内侧切断股内收缩肌，从髋关节处切臀圆韧带及副韧带，在髋臼处分离两侧的股骨，将四肢向外侧摊开，仅以部分皮肤与躯体相连，使猪只平躺仰卧（图 7-6）。检查腹股沟淋巴结的异常（图 7-7），观察关节液的量和色泽（图 7-8）。

腹股沟淋巴结的观察：沿左右腹股沟切开皮肤，可见左右对称的腹股沟淋巴结。许多全身性疾病会引起病变，表现为肿大或萎缩、出血、化脓、坏死等。PCV2 在感染早期会引起腹股沟淋巴结肿大，后期会萎缩；猪瘟可以导致其出现大理石纹样病变。它可用于猪瘟、猪繁殖与呼吸综合征、PCV2 等疾病的抗原检测。

图 7-6　猪只平躺仰卧

图 7-7　检查腹股沟淋巴结

图 7-8　观察髋关节的异常

（3）皮下组织的切开和视检（图 7-9）　从下颌中央到肛门之间的连线纵向切开皮肤，再由左右两侧胸腹部横向切开至腰背部，小心分开皮肤与皮下组织。观察皮下是否有渗出液、出血、水肿、脱水、脓肿，皮下脂肪是否黄染，肌肉组织表面有无病变（视频 7-4）。

（4）口腔、下颌和颈部的剖开和器官的视检　将头部仰卧、固定使下颌向上，用刀在下颌间隙紧靠下颌骨内侧切入口腔，切断所有附着于下颌骨的肌肉，至下颌骨角，然后再切离另一侧，同时切断舌骨之间的连接部，将手自下颌骨角切口伸入口腔，抓住舌向外牵引，用刀切开软腭，再切断一切与喉连接的组织，到胸腔入口处，切断气管、食道、血管和神经，

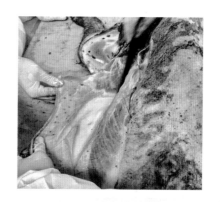

视频 7-4 观察皮下
组织的变化

图 7-9 检查皮下组织

即可暴露扁桃体、气管和食道。检查舌、喉、气管和食道的内部；观察颌下淋巴结（图 7-10，视频 7-5）、扁桃体是否有出血或溃疡（图 7-11），观察胸腺的大小（图 7-12）。

图 7-10 观察颌下淋巴结

视频 7-5 观察颌下
淋巴结的变化

图 7-11 观察扁桃体

图 7-12 观察胸腺

① 咽和喉头的观察。对黏膜、色泽进行一般检查，重点检查黏膜有

无肿胀、化脓、坏死等变化。

② 食管和气管的观察。观察食管和气管黏膜状态，有无损伤、异物或分泌物等变化。

③ 扁桃体的观察。扁桃体位于软腭的尾部，是饮食和呼吸的必经之路，经常接触空气中的污染物或微生物等外来异物。它是猪瘟病毒、凝血性脑脊髓炎病毒、猪繁殖与呼吸综合征病毒、伪狂犬病病毒、水疱性口炎病毒、胸膜肺炎放线杆菌和多杀性巴氏杆菌复制和"定居"的重要场所。扁桃体是进行猪病检测的重要器官，有专门的扁桃体采样工具。

④ 胸腺的观察。胸腺是机体重要淋巴器官，与免疫功能紧密相关，是 T 细胞分化、发育、成熟的场所。位于颈部气管两侧，由多个小叶组成。猪只发生猪繁殖与呼吸综合征病毒感染时，胸腺会出现显著萎缩，但要注意随着日龄增长，健康猪的胸腺也会萎缩，诊断时应该注意区别。

(5) 胸腔剖开和器官视检 用刀切断两侧肋软骨与肋骨结合部，再把刀伸入胸腔划断左右两侧肋骨与胸椎连接部肌肉，按压两侧胸壁肋骨，折断肋骨与胸骨软骨的连接，即可敞开胸腔。胸腔的视检内容应包括：心脏和肺部的检查，胸腔液的量、色泽、有无纤维状物渗出，胸膜有无出血、粘连等。

① 肺部的观察（图 7-13，视频 7-6）。观察左右肺的大小、质地、颜色等。肺部整体病变一致、水肿、无塌陷、质地像"橡皮"，多为病毒性感染（例如猪繁殖与呼吸综合征病毒、猪流感病毒、PCV2 等）；肺部表面有大量纤维素或脓性渗出，或肺表面与胸膜粘连，多见于细菌感染（如猪传染性胸膜肺炎、副猪嗜血杆菌病、链球菌病和巴氏杆菌病等）；猪肺炎支原体的感染表现为左右对称性肉样病变、放在水中下沉，而正常的肺在水中上浮。肺脏是检测猪繁殖与呼吸综合征病毒和细菌分离的重要器官。

图 7-13 观察肺脏

视频 7-6 肺部的检查和采样

② 心脏的观察。首先检查心脏冠状沟的脂肪有无出血；其次检查心脏的外形、大小、色泽及心包膜是否变厚，心包液有无增多等；最后切开心脏，检查心腔内血液的性状、心内膜的色泽、光滑度、有无出血、各个瓣膜是否肥厚、心肌有无坏死病变等（图7-14，视频7-7）。

图 7-14 观察心脏

视频 7-7 心脏的检查

心包液浑浊、"绒毛心"、胸腔有大量类似奶酪样的渗出，多为副猪嗜血杆菌感染；心脏表面有出血点也是某些病原（如猪瘟病毒）感染的标志；心脏表面出现黄色斑块，即所谓的"虎斑心"，通常见于猪口蹄疫病毒感染；心脏二尖瓣、三尖瓣出现花菜样增生，提示有链球菌或猪丹毒感染。

（6）腹腔剖开和器官视检 由剑状软骨处的切口分别向腹部左右两侧沿肋骨弓切开腹壁，至耻骨联合处。也可以从胸骨的剑状软骨沿腹中线切开腹壁肌层，然后用刀尖将腹膜切一小口，再将左手食指和中指插入腹壁的切口中，两手指张开，手指背抵住肠管，刀尖夹于两手指之间，刀刃向上，由剑状软骨切口的末端，沿腹中线切至耻骨联合处，再由耻骨联合切口处分别向左右两侧沿髂骨体前缘切开腹壁，至此暴露整个胸腔和腹腔的器官（图7-15），逐一检查腹腔内肝脏、胃、肠、肾脏、膀胱等器官。

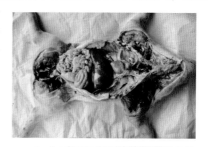

图 7-15 观察胸腔和腹腔的内部器官

① 肝脏的观察。查看肝脏形态、大小、色泽、有无白色结节坏死等。切开组织看切面的色泽、质地和含血量。肝脏表面出现白色坏死灶常见于沙门氏菌病、猪伪狂犬病，要注意与猪蛔虫感染导致的乳斑肝相鉴别

（图7-16）。肝脏含血量丰富，是细菌分离的重要器官。

　　②脾脏的观察。观察形态、色泽，有无梗死和出血点。脾脏瘀血时显著肿大，变软，切面有暗红色的血液流出。脾脏常见的病理变化是梗死、肿大等，多见于感染猪瘟病毒、猪繁殖与呼吸综合征病毒、PCV2等的发病猪只。脾脏通常用于猪瘟病毒、PCV2等病原的检测和细菌分离（图7-17）。

图7-16　观察肝脏

图7-17　观察脾脏

　　③肾脏的观察。先查看左右两肾的形态、大小、色泽、质地。剥离包膜后检查肾表面是否有针尖状出血点、白色斑点等病变。然后由肾的外侧向肾门将肾纵切为相等的两半，检查皮质和髓质，肾乳头是否出血，肾

盂有无积尿、积脓、结石等（图7-18和图7-19）。

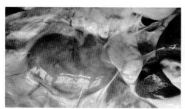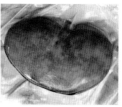

图7-18　观察肾脏的形态及病变

肾脏的病变具有一定的诊断提示作用，如肾脏出现大量的小出血点，可见于猪瘟、猪伪狂犬病等。肾脏表面出现白色的点状、分界不太清晰的病变，多见于PCV2感染。肾盂出现较多的结晶或絮状物质可常见于药物中毒。肾脏样品可用于猪瘟病毒、PCV2等病原的检测。

④ 膀胱的观察。检查膀胱内有无积尿，内膜是否有出血点。

⑤ 胃的观察。首先查看胃的容积、形态，胃壁的硬度和浆膜有无出血变化。然后用肠剪从贲门到幽门沿大弯剪开，并断续沿肠系膜附着处对侧剪开十二指肠，观察胃内容物的数量，鉴别食物种类、性状

图7-19　观察肾皮质、肾髓质
及肾乳头

（液状、半流动状、干涸状），注意其中有无血液、胆汁、药物及其他异物。同时检查胃黏膜色泽、充血程度、性状，注意有无出血、溃疡等。

⑥ 肠管的观察。对十二指肠、空肠、回肠、盲肠、结肠、直肠进行分段检查。在检查时先检查肠管浆膜面的色泽，有无粘连、结节等。然后剪开肠管，检查肠管内容物的数量、性状、气味，有无血液、异物和寄生虫。去除肠内容物后检查肠黏膜有无肿胀、充血出血、溃疡及其他病变。

⑦ 肠系膜淋巴结的观察（图7-20）。观察肠系膜淋巴结是否肿大、出血。它出现病变是肠道疾病的信号，如猪的胞内劳森氏菌，除了引起回肠

黏膜增生外，还会导致肠系膜淋巴结肿大。

图7-20　观察肠系膜淋巴结（A）与采样（B）

⑧ 生殖器官的观察。母猪可以查看子宫、卵巢和输卵管。注意卵巢的外形、大小、卵黄的数量、色泽，有无充血、出血、坏死等病变。观察输卵管的浆膜有无粘连，水肿液，黏膜有无肿胀、出血等病变。检查阴道、子宫的大小及外部病变，剪开阴道、子宫颈、子宫体直至左右两侧子宫角，检查内容物的性状及黏膜的病变。公猪检查睾丸、附睾的外部形态、大小、有无充血出血、瘢痕、结节、化脓和坏死等。

（7）关节剖开和视检　剖开前、后肢关节，观察关节液的量和性状，关节囊及其周围软组织有无充血、水肿，关节腔内有无脓性渗出物，关节软骨有无变性、增生和坏无死（图7-21和图7-22）。

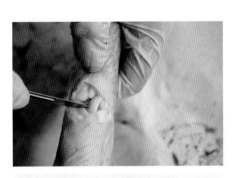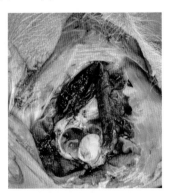

图7-21　观察腕关节　　　　　图7-22　观察髋关节

（8）颅腔剖开和脑组织视检　先在第一颈椎处，沿枕寰椎取下整个头部。仔猪可以使用解剖刀直接从颅顶部切开（图7-23）。较大猪只颅骨较硬，沿两眼眶上凸后缘2～3厘米的额骨上锯一横线，再在锯线的两端沿颞骨到枕骨大孔中线各锯一线，除去颅顶骨，露出大脑（图 7-24 和图 7-25）。用外科刀断离硬脑膜，将脑轻轻向上提起，同时切断脑底部的神经和各脑的神经根，即可将大脑、小脑一同摘出，最后从蝶鞍部取出脑下垂体（图 7-26，视频 7-8）。

图 7-23　剖开仔猪头颅

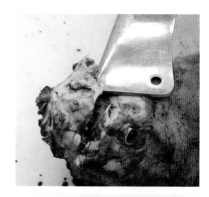

图 7-24　剖开生长育肥猪头部

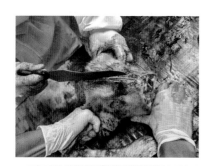

图 7-25　锯开头颅

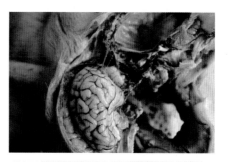

图 7-26　观察脑组织

　　① 脑的外部检查。打开颅腔后，检查硬脑膜和软脑膜的状态，脑膜的血管充盈状态，有无充血、出血等变化。将脑底向上放置，视检脑底，注意观察神经交叉、嗅神经、脑底血管状态以及各部分的形态。正常时脑膜透明湿润、平滑而有光泽。除此之外，还应检查脑回和脑沟的状态。病理情况下常见脑膜充血、出血、脑膜浑浊等病理变化。若有脑水肿、脑肿瘤等病变时，脑沟内有渗出物蓄积，脑

视频 7-8　开脑检查和脑组织采样

沟变浅，脑回变平。

② 脑的检查。剖开脑时所用的刀，每切一次都要用酒精或水冲洗刀面，以免脑质黏着刀面致切面不平滑。脑切开方法有多种，纵切脑成为相等的两半，切口必须经过穹隆松果腺、四叠体、小脑蚓突、延脑，即可检查第三脑室、导水管、第四脑室的状态以及脉络丛的性状和侧脑室有无积水（图7-27）。再横切脑组织，注意检查脑皮质的厚度、灰质和白质的色泽和质地，有无出血、血肿、坏死、包囊、脓肿、肿瘤等病变。最后检查垂体，先称重，然后观察大小，再沿中线纵切，检查切面的色泽、质地、光泽度和湿润度。

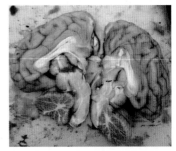

图7-27　观察脑切面

（9）鼻腔剖开和组织视检　先用锯在两眼前缘横断鼻骨，然后在第一臼齿前缘锯断上颌骨，最后沿鼻骨缝的左侧或右侧0.5厘米处，纵向锯开鼻骨和硬腭，打开鼻腔见鼻中隔（图7-28和图7-29）。首先检查鼻中隔，注意观察血液充满程度、黏膜状态，再检查鼻道、筛骨、迷路、蝶窦、齿龈、牙齿及鼻甲骨等各部的形态、内容物的量和性状等。

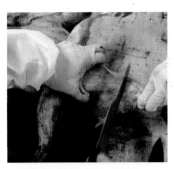

图7-28　剖开鼻甲骨

图7-29　观察鼻腔内鼻甲骨和鼻中隔

（10）脊椎管剖开和脊髓视检　沿脊椎弓的两侧与椎管平行锯开椎管即可观察脊髓膜，用手术刀剥离周围的组织即可取出脊髓。取出脊髓后，沿脊髓前后正中线剪开硬脊膜、在脊髓上做多处横切，观察脊髓有无出血、寄生虫等病变。

上述各体腔的打开和内脏的观察，是进行系统检查的程序。在实际的操作中，可以根据检查目的，适当地改变某些剖检程序。

4. 解剖后的处理

① 剖检完毕后，将所有使用过的器械、工作服浸泡消毒。

② 解剖台、解剖室地面等先用消毒水进行喷洒消毒，再用熏蒸消毒或紫外灯消毒处理，以防止病原扩散，便于下次使用。

③ 解剖人员剖检完毕后，应换衣消毒，特别应注意鞋底的消毒。

④ 剖检后的尸体要按国家制定的《畜禽病害肉尸及其产品无害化处理规程》进行无害化处理。

二、临床样品采集

样品采集时需要准备的用具及物品：采样盘、剪刀、镊子、手术刀、采样袋、棉签、酒精棉球、标记笔、注射器、10% 福尔马林、甘油磷酸缓冲溶液、灭菌玻片、棉纤、培养基、灭菌的玻璃瓶等。

采集的不同组织和部位的病料要分开放置，不得混淆。

1. 血液样品采集

一般采血量在 3~5 毫升。猪病的抗体检测一般需要分离血清，可将刚采好血的针管斜放置，自然析出血清后或离心分离血清。全血样品需要在新鲜血液中加入 5% 枸橼酸钠溶液 0.5~1 毫升（0.1 毫升的枸橼酸钠溶液可抗凝 1 毫升血液）。

（1）前腔静脉采血　适用于产房仔猪、保育猪、育肥猪、母猪和公猪。通常需两人配合，但根据猪的日龄和体重，采血时对猪的保定方式有差异。

① 产房和保育仔猪。因其体重较小，可采用如下的方式：助手左右手分别抓住仔猪前后肢，将猪臀部固定在自己胸腹侧，让猪头部斜朝下；采血者一手固定猪下颌骨部，并向下拉直猪颈部，在对猪前肢与胸骨间凹陷处酒精棉球消毒后、斜向上 30 度朝心脏方向进针，并适当地前后调整针头位置，直至血液流出（图 7-30）。

② 育肥猪、母猪和公猪。助手将保定绳套住猪上腭，向上牵引，使猪头部朝前上方 45 度，于胸前凹陷处向心脏方向进针，适当地前后进出调整针头位置，直至血液流出（图 7-31）。

（2）耳缘静脉采血　适用于母猪和公猪。将猪用保定绳固定，用绑绳（棉绳或塑料软管）绑定耳根，酒精擦拭耳缘静脉，待血管怒张后，针尖平行于血管进针，出血后插入真空采血管内，见血液流出时，即松开耳根的绑绳，采集到足量血液后即可拔出针头。

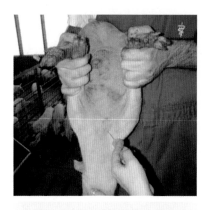

图 7-30　仔猪前腔静脉采血
（ISU，USA）

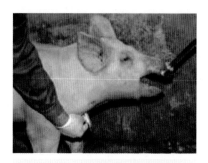

图 7-31　育肥猪前腔静脉采血
（ISU，USA）

2. 肺、心脏、肝脏、脾脏、肾脏、肠、淋巴结、扁桃体样品采集

淋巴结可整个采取，其他器官可采取病变明显部位。无菌剪取一块，大小在 2 ~ 3 厘米³。肠道组织的采样，常选择空肠、回肠、盲肠、结肠，每段肠管采取 10 ~ 15 厘米长，两端用棉线结扎。分别放置在病料袋或灭菌容器中，做好标记（图 7-32），一并送检。

在组织病理学检测时，要求组织新鲜，并及时固定。要求在病变和正常组织交界处取材，所取组织块，大小在 1.5 厘米 × 2.0 厘米 × 0.5 厘米为宜，并立即浸入固定液中（10% 的福尔马林）（图 7-33），并尽快送往实验室。

图 7-32　采集的组织块放置在
标记好的病料袋

图 7-33　固定液中的组织，用于
病理学检测

3. 鼻拭子、咽拭子、肛拭子采集

用灭菌棉拭子在猪鼻腔或咽喉部、肛门处转动至少 3 圈，蘸取分泌物后，立即放入加有 1 毫升磷酸缓冲液或生理盐水的灭菌离心管中，剪去露出的拭子杆部，盖紧离心管盖，做好标记，冷藏保存。

4. 关节液、胆汁液、脓汁液和乳汁采集

关节液和胆汁液可以用灭菌注射器吸取数毫升注入灭菌器内。

破口的脓灶、脓汁可用灭菌棉拭子蘸取，未破口的脓灶用灭菌注射器吸取脓液。

采取乳汁时，先清洗取乳者的手部，后用新洁尔灭消毒，同时对母猪的乳房、乳头进行消毒。舍去最初挤出的乳汁，然后采乳 5~10 毫升注入灭菌试管或小瓶中，做好标记。乳汁样品可以用来检测猪流行性腹病毒的 IgA 抗体滴度，也可以进行细菌的分离培养。

5. 脑组织采样

切开颅骨，剪开脑膜，观察脑膜和脑组织的异常，可使用无菌棉签蘸取脑组织，用于细菌（如猪链球菌）的分离和诊断；或取 2~3 厘米^3 的脑组织块，用于病原（如猪伪狂犬病）的 PCR 检测或其他病原的组织病理检查（图 7-34）。

6. 流产胎儿、胎盘采集

将流产胎儿、胎盘用浸过消毒液（3% 的苯酚或 0.1% 新洁尔灭）的纱布包裹后，装入塑料袋中整个送检。

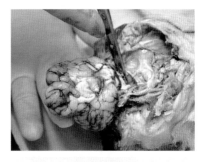

图 7-34　脑组织观察与采样
(ISU，USA)

7. 唾液采集

唾液是近年来兴起的一种检测样品，既可以用于抗原检测又可以用于抗体检测。具体操作是将唾液采集专用棉绳固定在需要采样的栏舍中，根据猪只大小，棉绳末端离地高度为 30~60 厘米，猪只会自发上去含、咬棉绳（图 7-35），一般 30 分钟后解下棉绳，放入专用的塑料袋中挤压，然后收取唾液，置于采样管中，做好标记备用（图 7-36）。目前唾液样品可以用于猪繁殖与呼吸综合征抗体检测，以及猪繁殖与呼吸综合征抗原、PCV2 抗原、腹泻类病毒抗原的检测。

图7-35　猪啃咬采集唾液的棉绳

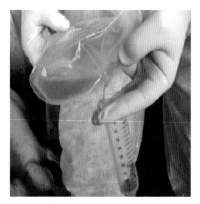

图7-36　唾液收集

8. 精液的采集

许多疾病（如猪瘟、猪伪狂犬病、猪繁殖与呼吸综合征、猪圆环病毒病等）的病原可以通过精液垂直传播，因此在疾病的净化与控制、疾病风险评估时常需要检测公猪的精液，多用于病原的 PCR 检测。将采集的公猪精液用输精瓶或离心管装 2 ~ 5 毫升，做好标记，冷藏保存送实验室检测（图7-37 和图7-38）。

图7-37　公猪精液采集

图7-38　收集的公猪精液

9. 脐带血采集

脐带血可以用来评估病原的垂直传播，以及评估仔猪是否出现来自于母猪体内病原的早期感染。采集时用离心管或玻璃瓶直接收集脐带断端的血液，多用于猪繁殖与呼吸综合征病毒、PCV2 的 PCR 检测。

10. 睾丸、断尾组织液体采集

去势时的仔猪睾丸、断的尾巴也可以是病原检测的样品，特别是用在判断猪群 PRRSV 早期感染，可减少仔猪因额外采样带来的应激。具体方法是在玻璃杯或小塑料桶口盖上 2 ~ 3 层纱布，将去势时的睾丸、断尾按窝放入纱布中进行挤压，收取挤压流出的液体，冷藏保存送实验室检测（如图 7-39）。

图 7-39　睾丸、断尾组织液体采集

第八章

疫苗免疫程序的科学制定

疫苗免疫接种已经成为确保生猪产业健康发展，控制猪群疾病的重要手段之一。为实现疫苗免疫接种对猪群的防病效果，不仅要有优质的疫苗，还要有科学的免疫程序。

一、影响猪场疫苗免疫程序制定的因素

猪场疫苗免疫程序的制定应"因场制宜"，没有一套放之各场而皆准的免疫程序。科学、合理的免疫程序让疫苗免疫有效保护猪群。在实施免疫程序的过程中还应适时观察免疫效果，以便合理调整实施免疫程序，以获得最佳的免疫效果。猪场制定免疫程序时需要考虑的主要因素如下：

1. 疫病地域流行状况及疾病特征

猪场免疫程序的设计与制定，必须以猪场所在区域不同季节疾病流行情况为依据，及时对可能存在的疾病类型进行评估，并根据当地疫病的流行情况，制定疫苗免疫的优先次序。同时还要考虑疾病的病原感染潜伏期，即在病原感染之前就产生有效的免疫保护。

2. 猪群疫病感染状况及抗体水平

猪场制定免疫程序时，必须清楚地了解猪群主要疫病的感染状况及抗体水平，定期对猪群进行抗体水平监测，根据监测结果来确定疫苗接种的最佳时机，以实现理想免疫效果。如果猪群中某种疾病的母源抗体水平较高，此时进行同种疫苗的接种，高水平的抗体会中和疫苗抗原，使猪只不能产生相应的免疫力，反而会导致抗体水平的下降，最终影响疫苗的免疫效果。

3. 疫苗的种类

同一种病有灭活疫苗、弱毒疫苗，可据猪场感染情况选择；同一种病的弱毒疫苗有不同毒株；同一猪群，应用同一毒株的疫苗，如猪繁殖与呼吸综合征疫苗，在同一猪场不同猪群要用同一基因型的毒株

疫苗。

4. 疫苗的特性与质量

首先，考虑疫苗起效期，在免疫疫苗后产生了有效保护才可以有效保护猪只免受疫病的感染侵害。其次，疫苗免疫保护期，不同疫苗的免疫保护期长短不一，疫苗免疫保护期越长，疫苗的免疫频率越低。疫苗的质量对免疫效果至关重要。养猪户应选择信誉度好、行业口碑佳的企业进行合作。第三，考虑疫苗的免疫应激，水佐剂的疫苗几乎无免疫应激，在种猪群可以普免；油佐剂的疫苗在种猪群一般是跟胎免疫，或避开配后 1 个月与产前 3 周进行普免。第四，考虑疫苗本身的要求，如高致病性猪繁殖与呼吸综合征疫苗，本身就禁止免疫妊娠母猪。第五，疫苗的单针或双针免疫。

5. 免疫途径

根据产品说明书，选择合适的免疫途径，才能达到理想的免疫效果。常用的免疫途径包括肌内注射、口服、穴位注射、滴鼻和特殊部位注射。

（1）肌内注射免疫 肌内注射疫苗的接种方法是最常用、也是猪场大多数疫苗的接种方式。肌内注射免疫要求注射部位准确，一般选择猪只的颈部肌肉为注射部位。免疫时还要注意进针的角度，避免将疫苗注入皮下或脂肪。为了避免"打飞针"现象，最好对猪只进行保定后再免疫。肌内注射可用于猪瘟、口蹄疫、猪伪狂犬病、猪圆环病毒 2 型、猪繁殖与呼吸综合征等疫苗的接种。

（2）口服免疫 指通过口服疫苗进行免疫的接种方法。某些疫苗通过口服给苗可使免疫效果更好，不用捕捉、保定猪只，能够避免因捕捉、保定而造成的应激，也可减轻接种工作量。如胞内劳森氏菌（猪增生性回肠炎）的疫苗免疫。

（3）穴位注射免疫 免疫指在某些特定穴位注射给苗的接种方法，例如病毒性腹泻，可以选择在母猪后海穴注射疫苗。

（4）滴鼻免疫 指通过鼻腔给苗的接种方法。滴鼻免疫可以形成局部的黏膜免疫，不受母源抗体的干扰。在仔猪出生后 3 天内，使用猪伪狂犬基因缺失弱毒活疫苗进行滴鼻，通过鼻腔黏膜吸收疫苗病毒，到达三叉神经节，起到"占位"的效果，可以帮助阻断猪伪狂犬野毒感染。尤其是针对目前我国猪群猪伪狂犬野毒感染率居高不下的情况，滴鼻免疫对猪伪狂犬病的防控意义重大。使用 TK 基因没有缺失的猪伪狂犬病疫苗进行滴鼻免疫，效果更佳。滴鼻免疫的液滴呈细雾状，水稀释液，使黏膜吸收更充分，这要求使用喷雾效果好的专用滴鼻头，才能达到理想的免疫效果。

（5）特殊部位注射免疫 包括肺组织注射接种、胸腔注射接种等接种方法。如某些公司生产的猪肺炎支原体疫苗，要求直接穿透胸腔在肺部接种。

6. 免疫剂量和免疫频率

一定范围内，疫苗产生抗体效价的高低在与免疫剂量为正相关，但是超过某个界线，高剂量的疫苗并不能带来抗体效价的升高，盲目加大疫苗免疫剂量，不但增加成本，还可能因超剂量的使用，使猪群出现免疫麻痹。因此，免疫剂量要按照产品说明书的规定使用。在某些特殊时期，如紧急接种的时候可以适当增加剂量。

疫苗接种后产生的抗体存在时间越长，保护时间就越长。多数疫苗接种后产生的免疫抗体在体内的持续期可达半年，但具体到某一个猪场或猪群，其抗体消长规律则受多种因素制约。有的猪群由于感染压力大，或者因持续排毒的带毒猪的存在，使体内的抗体很快消失，而使免疫保护期缩短，这时就要适当增加免疫频率。如针对目前猪伪狂犬野毒感染压力大的猪群，增加免疫次数，缩短免疫间隔时间，能够有效减少猪群排毒，减轻其临床症状。再如一个猪场猪繁殖与呼吸综合征野毒较活跃，造成猪群健康状况不稳定，这时可以适当增加猪繁殖与呼吸综合征疫苗的免疫频率，快速建立优势毒株。

7. 疫苗间相互干扰

在实际生产中对猪群进行疫苗接种时，由于在某个阶段免疫疫苗较多，可能会在某个时间点进行2种疫苗的免疫，这时要注意疫苗之间的相互干扰。

☞ 二、疫苗免疫策略 ☞

1. 猪群无疾病流行的预防性免疫

通常情况下，猪场实施无疾病流行的预防性免疫，根据疫苗免疫的有效期及疾病感染的压力，制定种猪的免疫程序。

以猪瘟疫苗为例，优质的猪瘟疫苗母猪一次有效免疫后保护期可以维持半年以上，因此在生产中执行产后跟胎免疫的做法是可行的，然而规模化猪场往往更多的选择种猪群普免猪瘟疫苗，以避免执行跟胎免疫过程中，因为管理漏洞导致部分种猪群猪瘟疫苗漏免而面临风险。考虑到猪群的免疫抑制性因素的存在，以及现实存在的影响免疫效果的因素，大多确定种猪群普免为3次/年。商品群在进行猪瘟疫苗首免时必须关注母源抗体的水平，因为猪瘟疫苗最容易受母源抗体的干扰而造成免疫失败。在生产实践中，需要通过系统的抗体检测分析寻找商品群母源抗体的衰减规律，连续测定仔猪出生后7、14、21、28、35、42天的抗体水平，若猪场生物安全好且场内无猪瘟野毒感染压力，或感染压力不大的情况下，阻断率<30%（PC≥40%为阳性）的仔猪数占30%~40%时，为其首免日龄。当使用双针的疫苗时，3~4周后进行二免。

2. 猪群有疾病流行的预防性免疫

在现有的生产大环境下，猪繁殖与呼吸综合征、猪圆环病毒病、猪伪狂犬病的阳性场相对较多，但是大部分规模化猪场通过饲养管理、疫苗免疫和生物安全等综合措施的执行，可以实现在病原阳性的条件下进行稳定的生产。

以猪伪狂犬病疫苗免疫防控为例，如果哺乳仔猪或妊娠母猪发病，则应对种猪群进行紧急接种，4周后加强免疫1次。

仔猪的免疫以猪繁殖与呼吸综合征疫苗免疫防控为例，如仔猪在9周龄发病，并确诊为猪繁殖与呼吸综合征。在使用猪繁殖与呼吸综合征疫苗免疫防控时，免疫时机的确定按照倒推法推算，PRRSV潜伏期为3~37天，大多为7~14天，通常以2周计，疫苗免疫起效以3~4周后细胞免疫产生开始计算，因此应在发病周龄往前推5~6周（含潜伏期2周）执行免疫，即3周龄为恰当的免疫时机，最晚不得晚于4周龄。

以猪圆环病毒病疫苗为例，如商品群在6周龄出现消瘦的，经确诊为猪圆环病毒病，猪圆环病毒感染的潜伏期为7~14天，通常以2周计，猪圆环病毒病疫苗免疫后起效期为2周，因此在发病周龄向前推4周，应在2周龄进行免疫。

3. 切断猪群感染链条的预防性免疫

对于肺炎支原体等疾病的阳性场，疾病本身对种猪群并没有产生实质性的危害，免疫母猪主要是为了减少母猪群排毒、排菌，以免造成产房仔猪的感染使母源抗体更好地保护仔猪。肺炎支原体的排菌与母猪胎龄有一定的相关性，低胎龄母猪排菌量极高于高胎龄的母猪，因此建议存在仔猪早期肺炎支原体感染的猪场，应进行母猪群尤其是低胎龄母猪的猪支原体肺炎疫苗的免疫，以减少产房排菌，达到切断感染链的目的。

三、疫苗稀释的注意事项

弱毒疫苗的稀释应重点关注稀释温差，对于弱毒苗的冻干粉储存在－20～－15℃下，而稀释液放置室温储存的情况下，建议使用前将疫苗和稀释液都放到2～8℃条件下，回温30分钟左右，尽可能在等温条件下稀释后使用，稀释用的注射器必须经过消毒处理，避免被疫苗污染。

弱毒疫苗稀释过程中，应将稀释液注入疫苗瓶，稀释时应确认冻干粉的疫苗瓶是真空的，若不是真空状态则建议该瓶疫苗弃掉，同时防疫人员应及时上报，并将无真空的疫苗交回保管员处换取。

四、疫苗注射前后注意事项

目前市售的活疫苗稀释后应尽量在2小时内用完，以免影响疫苗效价。因此建议防疫人员携带装有疫苗的保温箱到生产区后现用现稀释。灭活疫苗从2～8℃的环境取出后，建议回温至室温后再进行注射，减少免疫应激。

免疫操作时选择适宜的针头（表8-1），针头使用前务必经过煮沸或者高压蒸汽的灭菌消毒，种猪群一猪一针头，仔猪群一窝或一栏一针头，避免因针头不洁而造成疾病的传播。

免疫位置应选择猪只颈部三角区，免疫前先用酒精棉球消毒，然后再注射，注射完毕拔针时要按压针眼（尤其是使用16号针头给种猪免疫），以避免疫苗流出。

种猪群全年的普免程序应合理安排，一般情况下每月安排1～2次普免，每次普免之间的间隔至少2周左右。每次普免应提前计划好，是先左侧颈部肌内注射还是右侧颈部肌内注射，应左右侧轮流注射疫苗，使每侧的注射部位都会有1个月左右的恢复期。

表8-1　注射针头的选择

阶　　段	体重/千克	型　　号	长度/厘米
乳猪	<7	9	10～13
保育	7～30	12	20～25

（续）

阶　　段	体重/千克	型　　号	长度/厘米
育成	30～60	12	25～30
后备母猪	60～120	12	30～38
种猪群	>130	16	38～45

注：针头大小应综合考虑猪只体重、疫苗性状、注射深度等因素。

第九章

猪场科学用药

一、猪场科学使用药物

1. 猪场药物的使用原则

合理使用药物或生物制品用来治疗和预防疾病是猪场兽医的一个重要职责。猪场药物的使用应遵守国家相关法律法规的规定，同时还要考虑食品安全、动物福利、药物成本、效力和易用性等方面，进一步减少临床中不科学合理使用药物（用药过量、用药量不足、长期低剂量用药、盲目用药和滥用药物）。具体用药原则见表9-1。

表9-1　猪场药物的使用原则

主要考虑因素	次要考虑因素
人类安全	对使用者的直接药物毒性；对消费者的组织残留毒性
动物福利	预防或减少疾病；动物给药的易用性
机体损伤和副作用	对猪的直接毒性；组织损伤；药物拮抗作用
	间接副作用，微生物的耐药性；正常微生物菌群的破坏
法律、法规	药物的可用性；国家药物使用法规；国际药物出口法规；标签范围外的药物使用（美国 AMDUCA）；兽医-畜主关系；休药期
功效与成本	功效的评估；成本；治疗效益
药物使用剂量与应用	给药途径与易用性；理化性质；药物代谢动力学特性；药效动力学特性
治疗的原则	使用剂量；使用剂量的增减；持续期；临床证据；药物试验数据
预防的原则	使用剂量；持续期；临床证据；药物试验数据
记录的保存	药物使用记录
药物的稳定性	贮存条件

2. 特定疾病的药物选择

表9-2列出了常见细菌疾病的处理建议。使用者应不断查看包装说明书和药品标签上的信息，仅将表9-2当作一种普遍的指导原则。

表9-2 猪场常见细菌疾病的抗菌药物选择

疾 病	病 原 菌	评 述	推 荐 药 物
肠道疾病			
梭菌性肠炎	A型和C型产气荚膜梭菌	感染C型产气荚膜梭菌的病猪治疗无效。给药母猪减少排菌	在母猪日粮中添加杆菌肽锌（100克/吨饲料）或氨苄西林（6毫克/千克体重，口服）
球虫病	猪球虫	必须在出现腹泻前治疗（3～6日龄仔猪）	托曲珠利（15毫克/千克体重，口服）；9.6%氨丙啉（每头仔猪每天2毫升，3～5天）
大肠杆菌病	大肠杆菌	新生仔猪必须立即治疗，输液有助于减少脱水的影响。断奶仔猪最好经饮水给药抗生素进行治疗。	新生仔猪：庆大霉素（5毫克/千克体重，口服），新霉素（7毫克/千克体重，口服）断奶仔猪：安普霉素（每天12.5毫克/千克体重，饮水）
结肠炎	结肠绒毛样短螺旋体	引起的疾病轻微并反映饲料的变化，如果症状比较严重，采用与猪痢疾相同的方法进行治疗	泰乐菌素（100克/吨饲料）林可霉素（100克/吨饲料）泰妙菌素（100克/吨饲料）
增生性肠病	胞内劳森氏菌	全进全出的管理和良好的卫生条件可使抗菌药物的需求降至最低。拌料给药可预防临床症状	泰乐菌素（100克/吨饲料）林可霉素（100克/吨饲料）泰妙菌素（100克/吨饲料）
沙门氏菌病	猪霍乱沙门氏菌、鼠伤寒沙门菌和其他血清型	对大多数抗生素具有抗性，建议根据分离菌体外敏感实验选用抗生素	头孢噻呋（3毫克/千克体重，肌内注射）；甲氧苄啶-磺胺多辛（16毫克/千克体重，肌内注射）。断奶仔猪：安普霉素（每天12.5毫克/千克体重，饮水）
猪痢疾	赤痢疾螺旋体	对旧药物的耐药性是常见的。临床症状消失后延长给药是必要的。急性暴发时饮水给药	泰妙菌素（200克/吨饲料，用于治疗）（100克/吨饲料，用于预防）

（续）

疾　病	病原菌	评　述	推荐药物
多器官疾病			
放线杆菌败血症	猪放线杆菌	猪放线杆菌对大部分抗生素都敏感，但疾病常发生迅速以致可能来不及治疗	头孢噻呋（3 毫克/千克体重，肌内注射）；庆大霉素（0.1 毫升/千克体重，肌内注射）；甲氧苄啶或磺胺嘧啶（0.5 毫升/千克体重，肌内注射）
猪丹毒	猪红斑丹毒丝菌	青霉素的耐药性尚未出现	青霉素；泰乐菌素拌料（100 克/吨饲料）或林可霉素拌料（100 克/吨饲料）
副猪嗜血杆菌病	副猪嗜血杆菌	对所有感染的动物注射大剂量的药物。对青霉素有些耐药	头孢噻呋（3 毫克/千克体重，肌内注射）；替米考星拌料（400 克/吨饲料）；氟苯尼考拌料（80 克/吨饲料）；甲氧苄啶-磺胺多辛（16 毫克/千克体重，肌内注射）
猪鼻支原体病	猪鼻支原体	注射大剂量药物，但结果可能不理想	林可霉素（0.167 毫升/千克体重，肌内注射）；泰乐菌素（5～13 毫升/千克体重，肌内注射）；泰妙菌素（11 毫克/千克体重，肌内注射）
呼吸系统疾病			
猪支原体肺炎	猪肺炎支原体	病畜最好注射给药以达到较高的组织浓度	土霉素（1～2 毫升/千克体重，肌内注射）；林可霉素（0.167 毫升/千克体重，肌内注射）；泰乐菌素（5～13 毫升/千克体重，肌内注射）；泰妙菌素（11 毫克/千克体重，肌内注射）；土拉霉素（2.5 毫克/千克体重，肌内注射）

（续）

疾　病	病原菌	评　述	推荐药物
呼吸系统疾病			
传染性胸膜肺炎	胸膜肺炎放线杆菌	因急性感染病猪不食，需要注射给药治疗	头孢噻呋（3毫克/千克体重，肌内注射）； 土拉霉素（2.5毫克/千克体重，肌内注射）； 替米考星（拌料181-363克/吨）
进行性萎缩性鼻炎	支气管败血波氏杆菌和多杀性巴氏杆菌产毒素菌株	体现饲养环境或免疫程序状况	土霉素（20毫克/千克体重，肌内注射）； 磺胺二甲嘧啶（400～2000克/吨饲料，拌料）
皮肤疾病			
渗出性皮炎（油猪病）	猪葡萄球菌	表皮外伤少、控制体表寄生虫感染	病初期用药效果较好，头孢噻呋（3毫克/千克体重，肌内注射）； 严重病例同时每天多次皮肤喷洒消毒剂

　　警告：这些药物的使用剂量可能与政府法规或药品标签说明不完全一致。

　　表9-3列出了猪场常见寄生虫药的处理建议。

表9-3　常见驱虫药的使用

成　分	给药途径	驱虫谱	剂　量
12.5%双甲脒	喷浴	体表：蚧螨、虱子	0.025%～0.05%
5%芬苯达唑	口服	体内：线虫、钩虫、绦虫和部分吸虫	5～7.5毫克/千克体重
伊维菌素	皮下注射	广谱：体内+体表	0.03毫升/千克体重
多拉菌素	肌内注射	广谱：体内+体表	0.03毫升/千克体重

二、猪场兽药配伍使用

　　在临床治疗病猪过程中，常将2种或2种以上的药物或其制剂合用，称为兽药的配伍使用，也叫联用用药。

抗菌药是猪场使用的兽药当中占比很大的一类药物，抗菌药物的广泛使用，在防治猪的细菌性疾病方面起了很大的作用，但随之也产生许多必须重视的问题，如抗菌药物的滥用、对动物机体的毒副反应和耐药性的产生等。

临床上，细菌性疾病的发生往往是混合性的感染，单用某种抗菌药往往收不到很好的防治效果，这个时候就会用到抗菌药物的联用。抗菌药物联用必须达到的目的有：

1）增强抗菌效应和对耐药细菌的疗效。

2）有协同作用。

3）减小或延缓耐药菌株的产生。

4）扩大抗菌谱，防止二重感染的发生。

按照抗菌药物的作用性质，将临床上常用的抗菌药分为4类：第一类是繁殖期或速效杀菌剂，如青霉素类，头孢菌素类，喹诺酮类等。第二类是静止期或慢效杀菌剂，如氨基糖苷类，多黏菌素类等。第三类是速效抑菌剂，如四环素类、氯霉素类、大环内酯类、泰妙菌素和林克胺类等。第四类是慢效抑菌剂，如磺胺类等。

抗菌药的联用原则见表9-4。

表9-4　抗菌药的联用原则

	繁殖期或速效杀菌剂	静止期或慢效杀菌剂	速效抑菌剂	慢效抑菌剂
繁殖期或速效杀菌剂	—	协同作用	拮抗作用	协同作用
静止期或慢效杀菌剂	协同作用	—	协同作用	相加作用
速效抑菌剂	拮抗作用	协同作用	—	相加作用
慢效抑菌剂	协同作用	相加作用	相加作用	—

三、抗菌药物的休药期和耐药性

基于食品安全和公共卫生的考虑，所有兽用药物尤其是食品动物用药物都应有休药期（即用药与屠宰之间的时间间隔），没有明确休药期的兽药都禁止在猪生产中使用。依据《中华人民共和国兽药典（2015年版）》（2016年11月15日起施行），常见猪用药物的休药期见表9-5。

表9-5 常见猪用药物的休药期

药 物 名 称	兽用处方类型	休药期/天	药 物 名 称	兽用处方类型	休药期/天
安乃近注射液	非处方	28	恩诺沙星注射液(5%，10%)	处方	10
硫酸庆大霉素	处方	40	注射用普鲁卡因青霉素钠（钾）	处方	28
氟尼辛葡甲胺注射液	非处方	28	托曲珠利混悬液(5%)	非处方	77
地塞米松磷酸钠注射液	处方	21	磺胺间甲氧嘧啶钠注射液	非处方	28
头孢噻呋注射液	处方	1	复方磺胺氯达嗪粉	处方	4
头孢噻呋纳注射液	处方	4	磷酸泰乐菌素预混剂（220万~2200万）	非处方	5
硫酸头孢喹肟注射液	处方	3	替米考星预混剂(10%，20%)	处方	14
硫酸卡那霉素注射液	处方	28	延胡索酸泰妙菌素(5%，10%，45%，80%)	非处方	7
氟苯尼考注射液(20%)	处方	14	氟苯尼考预混剂(2%，5%，10%，20%)	处方	20
长效土霉素注射液(100克:20克)	处方	28	芬苯达唑粉(5%)	非处方	3
伊维菌素注射液(200毫升:2.0克)	非处方	28	伊维菌素预混剂(100克:0.6克)	非处方	5

在猪场药物的正确选择和使用上，都应该基于对猪病的准确诊断，以及对药敏试验、药物代谢动力学和药效学的认知，同时还要考虑药物的毒理学、食品安全和动物福利。在临床上要注意区分处方药和非处方药，按照规定，处方药物的销售和使用，均需要有执业兽医师的处方。严禁使用违禁药物和滥用药物。

附 录

中华人民共和国农业部公告　第 193 号

为保证动物源性食品安全，维护人民身体健康，根据《兽药管理条例》的规定，我部制定了《食品动物禁用的兽药及其他化合物清单》（以下简称《禁用清单》），现公告如下：

一、《禁用清单》序号 1～18 所列品种的原料药及其单方、复方制剂产品停止生产，已在兽药国家标准、农业部专业标准及兽药地方标准中收载的品种，废止其质量标准，撤销其产品批准文号；已在我国注册登记的进口兽药，废止其进口兽药质量标准，注销其《进口兽药登记许可证》。

二、截至 2002 年 5 月 15 日，《禁用清单》序号 1～18 所列品种的原料药及其单方、复方制剂产品停止经营和使用。

三、《禁用清单》序号 19～21 所列品种的原料药及其单方、复方制剂产品不准以抗应激、提高饲料报酬、促进动物生长为目的在食品动物饲养过程中使用。

食品动物禁用的兽药及其他化合物清单

序号	兽药及其他化合物名称	禁止用途	禁用动物
1	β-兴奋剂类：克仑特罗 Clenbuterol、沙丁胺醇 Salbutamol、西马特罗 Cimaterol 及其盐、酯及制剂	所有用途	所有食品动物
2	性激素类：己烯雌酚 Diethylstilbestrol 及其盐、酯及制剂	所有用途	所有食品动物
3	具有雌激素样作用的物质：玉米赤霉醇 Zeranol、去甲雄三烯醇酮 Trenbolone、醋酸甲羟孕酮 Mengestrol，Acetate 及制剂	所有用途	所有食品动物
4	氯霉素 Chloramphenicol 及其盐、酯（包括：琥珀氯霉素 Chloramphenicol Succinate）及制剂	所有用途	所有食品动物
5	氨苯砜 Dapsone 及制剂	所有用途	所有食品动物

174

（续）

序号	兽药及其他化合物名称	禁止用途	禁 用 动 物
6	硝基呋喃类：呋喃唑酮 Furazolidone、呋喃它酮 Furalta-done、呋喃苯烯酸钠 Nifurstyrenate sodium 及制剂	所有用途	所有食品动物
7	硝基化合物：硝基酚钠 Sodium nitrophenolate、硝呋烯腙 Nitrovin 及制剂	所有用途	所有食品动物
8	催眠、镇静类：甲喹酮 Methaqualone 及制剂	所有用途	所有食品动物
9	林丹（丙体六六六）Lindane	杀虫剂	所有食品动物
10	毒杀芬（氯化烯）Camahechlor	杀虫剂、清塘剂	所有食品动物
11	呋喃丹（克百威）Carbofuran	杀虫剂	所有食品动物
12	杀虫脒（克死螨）Chlordimeform	杀虫剂	所有食品动物
13	双甲脒 Amitraz	杀虫剂	水生食品动物
14	酒石酸锑钾 Antimonypotassiumtartrate	杀虫剂	所有食品动物
15	锥虫胂胺 Tryparsamide	杀虫剂	所有食品动物
16	孔雀石绿 Malachitegreen	抗菌、杀虫剂	所有食品动物
17	五氯酚酸钠 Pentachlorophenolsodium	杀螺剂	所有食品动物
18	各种汞制剂包括：氯化亚汞（甘汞）Calomel，硝酸亚汞 Mercurous nitrate、醋酸汞 Mercurous acetate、吡啶基醋酸汞 Pyridylmercurous acetate	杀虫剂	所有食品动物
19	性激素类：甲睾酮 Methyltestosterone、丙酸睾酮 Testosterone Propionate、苯丙酸诺龙 Nandrolone Phenylpropionate、苯甲酸雌二醇 Estradiol Benzoate 及其盐、酯及制剂	促生长	所有食品动物
20	催眠、镇静类：氯丙嗪 Chlorpromazine、地西泮（安定）Diazepam 及其盐、酯及制剂、	促生长	所有食品动物
21	硝基咪唑类：甲硝唑 Metronidazole、地美硝唑 Dimetronidazole 及其盐、酯及制剂、	促生长	所有食品动物

注：食品动物是指各种供人食用或其产品供人食用的动物

二〇〇二年四月九日

附录B 中华人民共和国农业部公告 第2292号

中华人民共和国农业部公告 第2292号

为保障动物产品质量安全和公共卫生安全，我部组织开展了部分兽药的安全性评价工作。经评价，认为洛美沙星、培氟沙星、氧氟沙星、诺氟沙星4种原料药的各种盐、酯及其各种制剂可能对养殖业、人体健康造成危害或存在潜在风险。根据《兽药管理条例》第六十九条规定，我部决定在食品动物中停止使用洛美沙星、培氟沙星、氧氟沙星、诺氟沙星4种兽药，撤销相关兽药产品批准文号。现将有关事项公告如下。

一、自本公告发布之日起，除用于非食品动物的产品外，停止受理洛美沙星、培氟沙星、氧氟沙星、诺氟沙星4种原料药的各种盐、酯及其各种制剂的兽药产品批准文号的申请。

二、自2015年12月31日起，停止生产用于食品动物的洛美沙星、培氟沙星、氧氟沙星、诺氟沙星4种原料药的各种盐、酯及其各种制剂，涉及的相关企业的兽药产品批准文号同时撤销。2015年12月31日前生产的产品，可以在2016年12月31日前流通使用。

三、自2016年12月31日起，停止经营、使用用于食品动物的洛美沙星、培氟沙星、氧氟沙星、诺氟沙星4种原料药的各种盐、酯及其各种制剂。

农业部
2015年9月1日

附录C 常见计量单位名称与符号对照表

量的名称	单位名称	单位符号
长度	千米	km
	米	m
	厘米	cm
	毫米	mm
面积	平方千米（平方公里）	km^2
	平方米	m^2

（续）

量 的 名 称	单 位 名 称	单 位 符 号
	立方米	m³
体积	升	L
	毫升	mL
	吨	t
质量	千克（公斤）	kg
	克	g
	毫克	mg
物质的量	摩尔	mol
	小时	h
时间	分	min
	秒	s
温度	摄氏度	℃
平面角	度	(°)
	兆焦	MJ
能量，热量	千焦	kJ
	焦［耳］	J
功率	瓦［特］	W
	千瓦［特］	kW
电压	伏［特］	V
压力，压强	帕［斯卡］	Pa
电流	安［培］	A

参 考 文 献

［1］斯特劳，等. 猪病学［M］. 赵德明，张仲秋，沈建忠，译. 9 版. 北京：中国农业大学出版社，2008.

［2］齐默尔曼，等. 猪病学［M］. 赵德明，等译. 10 版. 北京：中国农业大学出版社，2014.

［3］中国兽药典委员会. 中华人民共和国兽药典（2015 年版）［M］. 北京：中国农业出版社，2016.

［4］陆承平. 兽医微生物学［M］. 北京：中国农业出版社，2001.

［5］高艳春，等. 兽药产品说明书范本［M］. 北京：中国农业出版社，2013.

书 目

书 名	定 价	书 名	定 价
高效养土鸡	26.8	羊病诊治你问我答	19.8
果园林地生态养鸡	26.8	羊病诊治原色图谱	35
高效养蛋鸡	19.9	羊病临床诊治彩色图谱	59.8
高效养优质肉鸡	19.9	牛羊常见病诊治实用技术	29.8
果园林地生态养鸡与鸡病防治	20	高效养肉牛	29.8
家庭科学养鸡与鸡病防治	29.8	高效养奶牛	22.8
优质鸡健康养殖技术	29.8	种草养牛	29.8
果园林地散养土鸡你问我答	19.8	高效养淡水鱼	25
鸡病诊治你问我答	22.8	高效池塘养鱼	25
鸡病快速诊断与防治技术	25	鱼病快速诊断与防治技术	19.8
鸡病鉴别诊断图谱与安全用药	39.8	高效养小龙虾	19.8
鸡病临床诊断指南	39.8	高效养小龙虾你问我答	20
肉鸡疾病诊治彩色图谱	49.8	高效养泥鳅	16.8
图说鸡病诊治	35	高效养黄鳝	16.8
高效养鹅	25	黄鳝高效养殖技术精解与实例	19.8
鸭鹅病快速诊断与防治技术	25	泥鳅高效养殖技术精解与实例	16.8
畜禽养殖污染防治新技术	25	高效养蟹	22.8
图说高效养猪	39.8	高效养水蛭	22.8
高效养高产母猪	29.8	高效养肉狗	26.8
高效养猪与猪病防治	25	高效养黄粉虫	25
快速养猪	26.8	高效养蛇	29.8
猪病快速诊断与防治技术	25	高效养蜈蚣	16.8
猪病临床诊治彩色图谱	59.8	高效养龟鳖	19.8
猪病诊治160问	25	蝇蛆高效养殖技术精解与实例	15
猪病诊治一本通	25	高效养蝇蛆你问我答	12.8
猪场消毒防疫实用技术	19.8	高效养獭兔	25
生物发酵床养猪你问我答	25	高效养兔	25
高效养猪你问我答	19.9	兔病诊治原色图谱	39.8
猪病鉴别诊断图谱与安全用药	39.8	高效养肉鸽	25
猪病诊治你问我答	25	高效养蝎子	19.8
高效养羊	29.8	高效养貂	26.8
高效养肉羊	26.8	图说毛皮动物疾病诊治	29.8
肉羊快速育肥与疾病防治	25	高效养蜂	25
高效养肉用山羊	25	高效养中蜂	25
种草养羊	29.8	高效养蜂你问我答	19.9
山羊高效养殖与疾病防治	29.9	高效养山鸡	26.8
绒山羊高效养殖与疾病防治	25		

详情请扫码

特点：500 张诊断图，全彩精装

定价：59.8

特点：包括设备、操作程序及效果检测技术，图文并茂

定价：19.8

特点：按照养殖过程安排章节，配有注意、技巧等小栏目

定价：29.8

特点：按照养殖过程安排章节，配有注意、技巧等小栏目

定价：26.8

特点：养殖技术与疾病防治一本通

定价：25

特点：常见猪病的快速诊断、类症鉴别与防治

定价：25

特点：解答猪病诊治过程中的常见问题

定价：25

特点：98 种猪病的诊治，类症鉴别详细

定价：25

特点：以图说的形式介绍养猪技术，全彩印刷，形象直观

定价：39.8

特点：按照临床症状进行分类，鉴别诊断与用药详细，全彩印刷

定价：39.8